インプレスR&D [NextPublishing]

New Thinking and New Ways
E-Book / Print Book

生活用IoTが わかる本

野城 智也
馬場 博幸
著

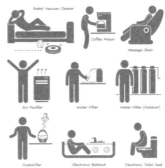

暮らしのモノをインターネットで
つなぐイノベーションとその課題

日常の生活圏内へのIoT導入事例と
その際の課題を解説した
初のガイドブック！

impress
R&D
An impress
Group Company

JN196748

はじめに

IoTが産業や生活のあり方を大きく変えようとしています。

IoTはInternet of Thingsの略で、「モノ（Things）のインターネット」とも呼ばれています。

前世紀後半から、炊飯器、洗濯機、カメラ、体温計、空調機、自動販売機、自動車などさまざまなモノにその機能を実現するためにコンピューター・システムが組み込まれるようになりました。当初は、たとえばマイコン付き炊飯器といったように、コンピューター・システムが組み込まれていることを示す名称が用いられてきました。しかし、マイクロプロセッサーの高性能化・低廉化とともに、いまや名称上特に断られることもなく、あらゆるモノにといってもよいほどに、コンピューター・システムが組み込まれています。

一方、前世紀後半から、インターネットが急激に発展し、ネットワークを介してコンピューター・システムがお互いにつながり、情報をやり取りするようになりました。

IoTは、モノへのコンピューター・システムの組み込みと、インターネットの進展が相乗し、生まれてきた概念であるといってもよいでしょう。

したがって、IoT、すなわち「モノのインターネット」という言葉をかみ砕くならば、「インターネットを介して、モノそれぞれに組み込まれたコンピューター・システムが互いに結びついて情報を交換し合い、複数のモノを協調的に働かせること」という意味になります。

IoTという言葉は、急に現れ、使われるようになってきた感があります。筆者が3年前の夏にテレビ番組に出演して、この言葉を用いた際には、キャスターの方から「何ですか、それは？」と質問されるほど知られておらず、使われてもいない言葉でした。

ただ、実は以前から、IoTともいえる取り組みが種々なされてきました。筆者自身、そうした取り組みにかかわってきました。

筆者がかかわった取り組みの一つが、ICT（Information and Communication Technology＝情報処理や通信コミュニケーションに関連する科学技術の総称）を用いた建築の省エネルギーシステムです。このシステムでは、建築の各所や機器に埋め込まれたセンサーから送られてくるデータを、遠隔地にあるサーバー群におかれたプログラムで解析し、これをもとに複数の機器の作動運用を協調的に制御します。いわゆるスマート建築・スマートハウスの基盤になるシステムといってもよいと思います。このシステムでは、機器やセンサーやアクチュエーター（機械・電気回路を構成する機械要素のなかで、入力されたエネルギーを物理的運動に変換するもの）などのデバイスの組み込みシステムがネットワークを介してつながることによってモノの動作が協調的に制御されており、今日の視点から見ればIoTそのものです。

こうした実践を通じて、筆者は、生活や職場など、身のまわりの日々の暮らしの場、いわば日常生活の場で、モノが「安心してすばやくつながる」ようにするためにはどうしたらよいのか、あれこれ考え試行してきました。

GE社が音頭をとるインダストリアル・インターネット（Industrial Internet）や、ドイツ政府が提唱するインダストリー4.0（ドイツ語Industrie 4.0、英語industry 4.0）は、火力発電所、航空機エンジン、製造工場など産業分野におけるIoT導入の取り組みです。その成果は着実に拡がり、大きな変革を起こしつつあります。その変革の過程で生まれてくる技術や経験知、約束事や仕組みは、筆者が取り組んでいる日常生活の場へのIoTの導入においても大いに役立つことになるでしょう。

しかしながら、日常生活の場におけるIoT（Domestic Internet of Things）を模索してきた筆者としては、産業界におけるIoT（Industrial Internet of Things）での成果を応用するだけでは、うまくいかないと痛感しています。

というのは、日常生活の場に用いるIoT（以下、生活用IoT）は、産業

用IoTに比べて次のような性格が際立っているからです。

① モノ同士の組み合わせの多様さ
② その「場」その「場」の成り行きで調整する必要性の高さ

　まず、①モノ同士の組み合わせの多様さとは、次のようなことです。住宅のなかには、さまざまなメーカーによって製造された多品種のモノがあって、それらのモノとモノとがつながり合って私たちの生活を彩るサービスを生み出しています。それらのモノの組み合わせの可能性は膨大な数に上ります。たとえば、窓と空調機とベッドに埋め込まれたセンサーが連動して安眠サービスを提供することが試みられています。モノのメーカー・供給者にとってみれば、従来の産業区分の枠に閉じこもっていては想像できない多種多様な新しいモノのつながりが革新的なサービスを生み出していく可能性が大いにあるのです。

　また、②その「場」その「場」の成り行きで調整する必要性の高さとは、たとえば次のようなことです。IoTを用いて一人暮らしの高齢者の生活の見守りをしようという企画がいまそこここで進んでいます。個々の高齢者の身体的・心理的個性によって、また生活の場にどのようなモノがあってどのように使っているかという条件によって、人の安否を推定する方法も変わってくることもあり得ます。このように、その場の状況や、その場に身をおく人々の個性といった、成り行きによって、モノの結び付け方も違ってくる可能性があります。

　生活用IoTでは、その場の状況や、その場にいる人々など個々の条件に応じて、そこにあるモノの動作や機能を柔軟に対応させなければならないのです。

　産業界のIoTの対象は、火力発電所、航空機エンジン、製造工場、あるいは自動運転される自動車などです。それらは膨大な数の部品（モノ）から成り立っているものの、その組み合わせ方は、設計段階で入念に検

討されています。モノのつながり方の組み合わせは安定しており、製造段階で、設計時点では予想もつかなかったモノのつながりの組み合わせが試みられることはまれです。特定の製造者から長期にわたって部品の供給を受けることも珍しくありません。そのため、モノ同士のつながり方について、部品の供給者が限定されていることを前提としたクローズド・システムを採用することもできると思われます。

一方、生活用IoTでは、モノ同士のつながりの組み合わせ方が多様で非定型的です。そのため、そのつながり方のすべてを事前に想定することは困難です。いかようにでもモノを組み合わせ、その「場」その「場」の状況や個別のニーズに適応させていくには、どのようなつながり方も可能なオープン・システムとしていかざるを得ません。

いい換えれば、オープン・システムによって、さまざまなニーズやモノのつながり方の状況への適応性を確保しないと、種々の魅力的なサービスは生まれず、日常生活の場へのIoTの導入は制約される恐れがあります。

オープン・システムを作り上げるには、誰もが受け入れられうる普遍性を持った「安全にすばやくつながっていく」ための約束事が必要になるのです。それは、社会の合意として道路交通法という約束事があるからこそ、誰もが安心してスムーズに車を運転したり、横断歩道を渡ったりすることができるのと同様です。

そこで筆者は、さまざまな業種の企業や官に呼びかけ、中立・中間組織である生産技術研究奨励会にIoT特別研究会を設置しました。集まったメンバーの方々と議論を重ね、どのような分野の開発者・供給者でも参加でき、自由に「安心してスムーズにモノとモノがつなげられる」ための約束事を構想しました。

本書では、筆者が取り組んできた事例も踏まえて、生活用IoTの具体像を描き出すとともに、臨機応変に「安心してスムーズにモノとモノがつなげられる」ための約束事を提案します。

本書により、身近な日常生活の場でIoTの導入が推進され、私たちの生活に彩りを添えるサービスを生み出していくきっかけを次々と誘発していくことを願ってやみません。

目次

はじめに …………………………………………………………………………… 3

第1章　IoTが生み出すひとまとまりの価値 ……………………………… 11

1-1　モノのつながりの進展による価値の変容 ………………………… 12

1-2　ケース1＆2：モノの遠隔操作によりひとまとまりの価値を創り出す ……………………………………………………………………………… 19

1-3　ケース3：センサーの独立設置によりひとまとまりの価値を創り出す ……………………………………………………………………………… 21

1-4　ケース4：「使えば使うほど賢くなる」ひとまとまりの価値を創り出す ……………………………………………………………………………… 22

1-5　ケース5：汎用機器のサービス媒体化によりひとまとまりの価値を創り出す …………………………………………………………………… 24

1-6　ケース6＆7：多種データを基盤としたサービスによりひとまとまりの価値を創り出す ………………………………………………………… 26

1-7　ケース8：総合調整によりひとまとまりの価値を創り出す……… 29

1-8　ひとまとまりの価値は意味の変換・創造から生まれる ………… 31

第2章　生活用IoTでは「場でのまとまり」が重要 …………………… 35

2-1　本章のあらすじ……………………………………………………… 35

2-2　インダストリー4.0によるモノの組み付けの高度化 …………… 38

2-3　インダストリアル・インターネットによる継続的運用改善 …… 46

2-4　モノが場で結び付いてひとまとまりの価値を創り出す ……… 48

2-5　「普通の人」はいない ……………………………………………… 51

2-6　モノの結び付きは成り行きで決まる……………………………… 53

2-7　生活用IoTでは場ごとのまとまりが大事………………………… 58

2-8　オープン・システムでモノを融通無碍につないでいく必要性 ···· 68

第3章　ローカル・インテグレーターの先行実例 ·························72
3-1　事例1：コンビニエンス・ストアにおける導入事例················ 72
3-2　事例2：ゼロ・エミッションを目指す建築における導入例········ 87
3-3　ローカル・インテグレーターの先行事例が示唆すること ········ 97

第4章　普遍的な接続性を実現するためには ····················· 100
4-1　モノをつなぐための増分コストを考慮する必要性················ 100
4-2　あらゆるモノをつなげるために統一すればよいのか？ ·········· 103
4-3　普遍的接続性を実現するためのヒント························ 104
4-4　Web-APIで普遍的につなげる ····························· 106
4-5　Web-API方式の構成・役割・意義 ························· 109

第5章　生活用IoTの発展普及のための技術的事項 ···················· 113
5-1　生活用IoTに関する技術シーズの拡がり ····················· 114
5-2　技術シーズ1：センサーの高性能化・低廉化·················· 115
5-3　技術シーズ2：各種ユーザー・インターフェース発展·········· 120
5-4　技術シーズ3：データ解析能力の向上······················ 124
5-5　製品設計思想のパラダイム転換··························· 130

第6章　生活用IoTを促進するための組織立て ······················· 136
6-1　多岐多様な「役者」がそろったチームがIoTを推進する········· 136
6-2　行きつ戻りつを繰り返しながら組織立てていく················ 137
6-3　実験住宅COMMAハウスにおける組織立て ··················· 140
6-4　プロトタイピングを通じた創発·························· 148
6-5　プロトタイピング促進の舞台としての中間組織··················· 151

第7章　生活用IoTの普及を阻む技術的課題とその克服策 …………… 155

7-1　外的脅威問題 ……………………………………………………… 155

7-2　では、いかにして外的脅威問題に対処するか …………………… 160

7-3　世代管理問題 ……………………………………………………… 166

7-4　では、いかにして世代管理問題に対処するか …………………… 173

第8章　生活用IoTの普及を阻む組織的課題とその対策 …………… 183

8-1　ビジョンの未成熟が生む「負のスパイラル」…………………… 184

8-2　では、いかなるビジョンを共有すべきなのか …………………… 191

8-3　各「場」の集積に対応するグローバル組織のあり方 ………… 201

8-4　では、いかにして新規の組織を実現するか ……………………… 206

著者紹介 …………………………………………………………………… 217

第1章　IoTが生み出すひとまとまりの価値

「はじめに」で述べたように、IoTは、「インターネットを介して、モノそれぞれに組み込まれたコンピューター・システムが互いに結びついて情報を交換し合い、複数のモノを協調的に働かせること」です。

　今後、さまざまな分野でIoTが展開され、私たちの生活や産業のあり方を大きく変貌させていくことになるでしょう。ありとあらゆるモノにコンピューター・システムが組み込まれ、高度化の一途をたどっています。また、インターネットもさらに日々発展しています。それらが、生活や産業の変革の原動力であることは間違いありません。

　ただ、こうしたシーズ（＝ここでは、まだ世に出ていない新たな技術のこと）の発展だけに着目し、発想するだけでは十分ではありません。住まいや職場など、私たちの日常生活（Everyday life）に、IoTの恩恵を届け、発展させていくには、IoTが私たちの日常生活にいかなる新たな価値をもたらす可能性があるのかという視点を構想の出発点にするといったような、ニーズ側の視点からの発想も重要です。

　いい換えれば、生活用IoT（Domestic Internet of Things）を日常生活の場で発展させていくには、具体的な適用ケースを構想し、その構想をシーズ、ニーズの両面から検討し、練り上げていかなければなりません。

　ニーズ側の視点から発想するには、「ひとまとまりの価値」という概念が手がかりになると思われます。IoTによってモノとモノがつながるようになると、そこから生まれてくる価値は、単にいくつかのモノが持っている価値を単純に足し合わせたものとはなりません。モノとモノとがつながっていくことで、従前にはなかった別種の価値が創造されてきま

す。その新たな価値は、モノとモノとが機能上ひとまとまりになること
で生じる新たな使用価値です。この、ひとまとまりのモノがもたらす使
用価値を、この本では「ひとまとまりの価値」と呼ぶことにします。

1-1　モノのつながりの進展による価値の変容

　では、「ひとまとまりの価値」とは具体的には何でしょうか。個々のモ
ノの使用価値とはどう違うのでしょうか。そして、ひとまとまりの価値
というニーズ側からの発想が、どうしてIoTによる日常生活におけるイノ
ベーションの可能性を拓いていくことになるのでしょうか。そういった
点を、いままでの技術の変遷の経緯を振り返りながら考えてみましょう。

（1）個々別々に機械的機構や回路を介してモノを操作する

　組み込みコンピューター・システムが導入される以前は、たとえば、
扇風機を操作する際に、カチャカチャとボタンを回して電源をオンオフ
したり、風量調整したりしてきました。また、窓では、取っ手を押すこ
とによって戸車が回転し、引き戸を開閉しました。このように、それぞ
れのモノの操作は個々に行われ、その物理的操作は機械的機構や回路に
伝わり、モノを動作させるとともに制御もしてきました。

　このような個々のモノから得られる使用価値は、図1-1のように描けま
す。たとえば、ユーザーは、扇風機で人工的に起こされた気流や、窓を
開けたことで得られる自然の気流という「機能・働き」を個々のモノの
動作から得てきました。

　図1-1の図式のように、個々別々に操作される状況においては、私たち
は窓を開けたり閉めたり、扇風機をオンオフしたり強弱を調整したり、
空調機の温度センサーを変えたりして、自分にとって快適な室内環境が
実現できるよう努力してきました。快適な室内環境という、本来実現す
べきひとまとまりの使用価値は、ユーザー自身による工夫や調整に委ね

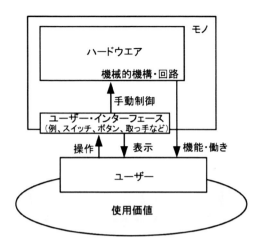

図1-1　個々のモノの使用価値（概念図）

られていたのです。

　いい換えれば、ユーザー自身が複数のモノの働きを相互調整しなければなりませんでした。起きている昼間はともかく、寝ているおりには、このような調整をすることはできません。そのため、扇風機が止まって寝苦しい夜を送ったり、逆に窓が開け放しで風邪を引いてしまったりして、夏の夜の寝苦しさをなかなか解決できませんでした。

(2) 組み込みシステムを介してモノを操作する

　20世紀後半から、身近なモノに、そのモノが担う特定の機能を実現するためにコンピューター・システムが組み込まれるようになりました。たとえば、電気炊飯器がスイッチ一つでごはんを炊きあげてくれることは、私たちにとって当たり前になっています。実は、電気炊飯器に埋め込まれたセンサーから得られたデータをもとに、組み込まれたコンピューター・システム（以下、組み込みシステム）が働き、その演算結果をアクチュエーターや回路に伝えて、加熱の具合を刻々調整していく制御機

構が働いています。年配の方であれば、マイコン炊飯器というほうがピンとくるかもしれません。

　組み込みシステムは、人の経験・技能に頼っていた機械制御・アナログ制御に比べ、高度で安定した制御が可能です。部品を交換することなくプログラムの更新で保守できることもあり、あらゆるモノに採用されています。以前は、カメラのレンズを回して焦点距離を調整してピントを合わせたり、ユーザーがあれこれ環境状況を勘案してカメラ内の機械機構を操作して絞りを決めたりしていました。一方、現在の多くのカメラでは、内蔵されたセンサーをもとに組み込みシステムが自動的にピント、絞り、シャッター速度を調整し、ピンぼけ写真や露出不足写真が発生する確率を飛躍的に低めています。

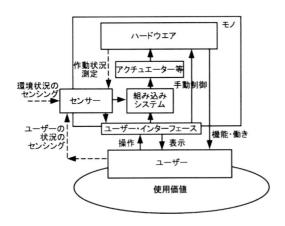

図1-2　組み込みシステム（概念図）

　図1-2に示すように、スイッチやシャッターなどのユーザー・インターフェースを介して入力された情報と、モノに設置されたセンサーから得られた作動状況、環境状況にかかわる情報は、組み込みシステムに入力され、アクチュエーターなどの動作変換機構を介してモノの動作を制御します。

いまや、あらためてわざわざマイコン自動車やマイコン・カメラなどとはいわないように、私たちの身のまわりのありとあらゆるモノにはコンピューター・システムが組み込まれ、急速に進歩・高度化して、私たちの生活や産業を支えています。

（3）組み込みシステムがネットワークでつながる

　21世紀になって、インターネットが急速に普及しました。その結果、図1-3に示すように、組み込みシステムや、センサー等のデバイスがネットワークを通じてつながっています。

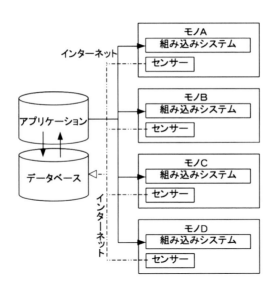

図1-3　ネットワークを介して組み込みシステムがつながること〈概念図〉

　その仕組みのおかげで、モノAに埋め込まれたセンサーから得られた情報を、モノBやモノCでも活用することができるようになりました。
　また、より重要なことに、組み込みシステムだけではなく、外部のサー

バーにおかれたアプリケーションを用いて、モノの動作を制御することもできるようになりました。

コンピューターに用いるCPUなどの部品の性能が長足に進歩し、集密化が進展しているとはいえ、それぞれのモノの物理的制約から、組み込みシステムの能力向上にはどうしても限界があります。しかし、組み込みシステムに加え、遠隔にあるサーバーが使えるようになれば、そうした制約はなくなり、大量のデータを用いて高度な情報処理を行い、モノの動作を制御できます。

インターネットによるネットワーキングは、センサーなどのデバイスとコンピューター・システムとが同じモノの中に収まっていなければならない制約を取り払いました。そして、各所に散在するモノを、一つのアプリケーションで動かしていくことを可能にしたのです。

結果として、いままでは個々別々に作動していたモノがつながって機能するようになり、図1-4に示すように「モノの機能連係体」を構成し、ひとまとまりの価値を発揮するようになります。

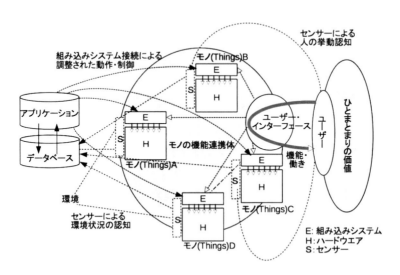

図1-4　複数のモノの機能連携によるひとまとまりの価値の生成（概念図）

図1-4は、モノ A、B、C、Dが、一つのアプリケーションによって協調的に動作・制御されることで、ひとまとまりの価値が発揮できることを表しています。

　たとえば、図1-4を下敷きにして、「高齢者の健康に危険な室内温度差を解消する」というひとまとまりの価値の実現を考えてみましょう。ここでは、ドア、各室の空調機、暖房便座付きトイレ、浴室ユニットおよび温湿度センサーの動作を協調的に制御する例を取り上げます。温湿度センサーとは、まわりの温度・湿度・気流速度などの環境条件を測定しそのデータを送信する小型機器で、すでに数多く市販されています。高齢者の方が普段いる居室や、浴室ユニット内部、脱衣所、便所およびその経路の環境データは、空調機、暖房便座付きトイレ、浴室ユニットに埋め込まれたセンサー、またこれらの室内各所におかれた温湿度センサーで測定されます。それらのデータはサーバーに送信され、室内の温度差状況が分析されます。その分析結果をもとに、アプリケーションから、ドアの開閉、各室の空調機の運転強度、暖房可能な便座の温度設定、浴室換気に関する動作・制御命令が送られ、室内温度差のない環境をリアルタイムで実現するわけです。特に、高血圧症、動脈硬化、不整脈を抱える「高齢者の健康に危険な室内温度差を解消する」というひとまとまりの価値が現実のものとなるのです。

　このように図1-4は、他の機器に据え付けられたセンサーや、離れた場所にあるコンピューター・システムの情報処理能力を活用し、ひとまとまりの価値を最大化するように、該当する設備や機器が「モノの機能連携体」を構成し、協調的に「賢く」動作することを表しています。

　ここでいう「賢く」には、省エネルギーも含められます。室内の温度差をなくすような暖房をしては、エネルギーがもったいない、だらしないという観念を、高齢者の方々は特にお持ちです。誰もいない部屋で空調機をつけ放しにすることに抵抗感のある方が多いと想像されます。しかし、空調機をつけ放しにすることは必ずしも省エネルギーに反するわ

第1章　IoTが生み出すひとまとまりの価値　｜　17

けではありません。むしろ、図1-5の概念図に示すように、頻繁に空調機をオンオフする間欠運転のほうが多くのエネルギーを使用する場合もあるのです。ケースバイケースですが、その場その場で計測分析したうえで、最適な空調機の運転モードが探索されなければなりません。

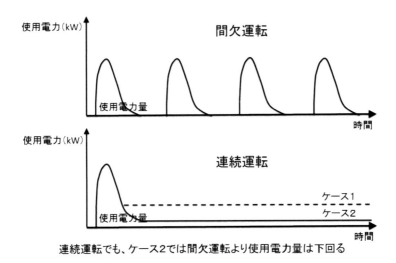

図1-5　間欠運転が必ずしも省エネルギーではない——使用電力量（エネルギー量kWh）は、使用電力（kW）と時間（h）との積、すなわち使用量グラフの面積となる。連続運転した場合でもケース2の水準で推移するのであれば、連続運転（下のグラフ）したほうが間欠運転（上のグラフ）するよりも使用エネルギー量は少なくすることができる。

　図1-4の仕組みを活用すれば、サーバーにおけるデータ分析に「目標室温を実現するために使用するエネルギーを最小化する」という制約条件を加えることは可能です。そうすることで、その場その場の状況や条件に合わせて「省エネルギーを実現しつつ、高齢者の健康に危険な室内温度差を解消する」というひとまとまりの価値を実現するように、モノを協調的に働かせることもできるのです。
　ユーザーの視点から見れば、ネットワークで連携されたモノ（窓、空調機、扇風機、ベッド）が、あたかも連携体を構成して機能を発揮し、自身

にとって心地の良いひとまとまりの価値を提供していることになります。

　図1-4は、「インターネットを介して、組み込みシステムが互いに結びついて情報を交換し合い、複数のモノを協調的に働かせる」仕組みです。まさにIoTを表しています。

　いい換えれば、私たちの身のまわりの日常生活の場へのIoTの導入にあたっては、どのようにモノのつながりを構成し、いかなる新たなひとまとまりの価値を構想し、どう実現していくのかという、ユーザー視点からの発想がきわめて重要になってくるのです。

　では、具体的には、どのようなひとまとまりの価値を実現することがありうるのでしょうか。IoTを通じて、すでに新たなひとまとまりの価値を提供しようとしている事例を以下に紹介していくことにしましょう。

1-2　ケース1＆2：モノの遠隔操作によりひとまとまりの価値を創り出す

　図1-3、図1-4を下敷きに考えると、IoTは、データ入力・読み取り装置のオフサイト化（＝モノと入力・読み取り装置の存在場所の切り離し）を可能にします。

　たとえば、いままでは、空調機もお風呂もスイッチや操作パネルなど、その機器につけられたユーザー・インターフェースを介してデータ入力がなされていました。しかし、IoTの考え方を取り入れれば、通勤通学電車の中や、最寄り駅からスマートフォンのアプリケーションを操作して、帰宅前に部屋を冷やし、お風呂を沸かしておくことができるようになります。スマートフォンというオフサイト（離れた場所）にあるデータ入力装置と、空調機、お風呂というモノが連携することによって、私たちは、「帰宅時に心地よくなっていて、すぐにお風呂に入れる我が家」というひとまとまりの価値が得られるのです（図1-6）。

第1章　IoTが生み出すひとまとまりの価値　｜　19

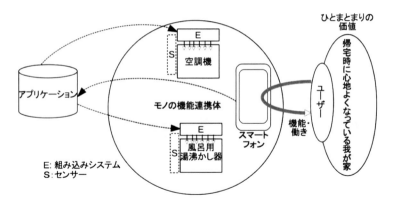

図1-6 ケース1：スマートフォンから空調機やお風呂を操作する（概念図）

また、IoTを活用すると、図1-7に示すように、緊急地震速報と連動し、住宅の中の機器を止めたり、作動させたりすることもできます。

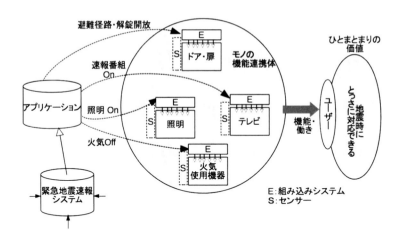

図1-7 ケース2：緊急地震通報による機器停止・作動（概念図）

具体的には、住宅の中の火気使用機器を緊急停止したり、震災でドア枠が歪んで脱出不能にならないように避難経路上のドアを解錠開放したり、緊急地震速報に対応したテレビ番組などを視聴できるようにしたり、

夜間の場合であれば寝室や避難経路上の照明を点灯させたりすることが可能です。あと数十秒で地震がやってくるとわかっても、落ち着いて手際よく、これだけのことをするのは容易ではありません。非常時には、外部からの特定の動作・制御命令を許すという取り決めをあらかじめしておきます。そのうえで、図1-7のような仕組みを設置しておけば、私たちは「地震のときにもとっさに対応できる」というひとまとまりの価値を得られるのです。

　緊急地震速報システムにもとづいて、新幹線への送電を瞬時に遮断するシステムなど、重要な交通施設や産業施設には、すでに図1-7に示したシステムが導入されています。IoTは、いままで無縁であったサービスを、インターネットという誰もが使えるオープンなネットワークを介して、私たちの身のまわりの日常生活の場にもたらす可能性を持っているのです。

1-3　ケース3：センサーの独立設置によりひとまとまりの価値を創り出す

　空調機の温度設定が低すぎて、会議・会合の間寒くてしようがなかった、という体験をした人は少なからずおられると思います。なぜ、ほぼ全員が寒いと思う温度設定で空調機は運転されてしまうのでしょうか。その一因は、温度センサーが空調機の吹き口付近に設置されており、私たちが実際に感じる体感温度とかけ離れた場所の温湿度を拾って運転されていることによります。

　この問題は、図1-8に示すように人がいる近傍に温湿度センサーを設置し、そこで得られた、温度、湿度、気流速度、CO_2濃度などの情報をもとに、人々の体感温度を時々刻々推定し、それにもとづいて空調機を運転することで解決します。前述のように、こうしたセンサーは数多く市販されていますし、日々技術革新されています。センサーというモノを

第1章　IoTが生み出すひとまとまりの価値　21

独立に設置し、IoTを活用することで、私たちは、寒すぎ、暑すぎの苦しみから解放され、「まろやかな室内環境」というひとまとまりの価値を享受できます。

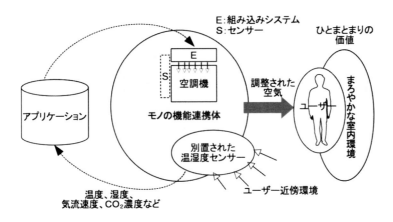

図1-8　ケース3：温湿度センサー別置による空調運転の最適化（概念図）

　実は筆者は、空調機が内蔵したセンサーで運転することの不合理性を以前から指摘し、関係者には、実際の体感温度を推定できる位置にセンサーをおき、これをもとに空調機の運転をする必要性を説いてきました。IoTがこの長年の懸案を解決してくれることを切に期待します。

　モノが内蔵したセンサーで動いていることの不合理さは空調機にとどまらないと推定されます。図1-8のように独立したセンサーによって動作制御していくニーズは各所に潜在し、生活用IoTの進展とともに顕在化してくると思われます。

1-4　ケース4：「使えば使うほど賢くなる」ひとまとまりの価値を創り出す

　産業分野におけるIoT（Industrial Internet（of Things））では、「長期

にわたって稼働させるほど効率が向上する」火力発電所、「動作頻度が高いほど予防保全の精度が向上する」航空機エンジンが実現されようとしています。その技術の基礎となっているのが、近年長足の進歩を見せているコンピューター・システムの学習機能であり、このような「使えば使うほど賢くなる」ことを支えているわけです。

こうした手法は、生活用IoT（Domestic Internet of Things）でも適用可能です。IoTを動かすプログラムに使いながら学んでいく学習機能を組み込むことによって、身のまわりの機器を使い込むほど賢く作動させていけます。

たとえば、図1-8の方式をさらに発展させて、図1-9のような方式を導入すれば、使えば使うほど賢く空調機を動作させられます。ここでは、ユーザーの空調機の操作記録、ユーザーの室内での行動記録、および実現した室内環境状態から、ユーザー個々の温熱感や状況を推測する学習を繰り返します。この学習によって、ユーザーの体感温度に合わせて空調機を賢く運転できるようになります。

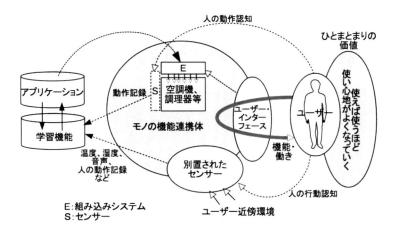

図1-9　ケース4：「使えば使うほど賢くなる」モノ（概念図）

ユーザーは「使えば使うほど使い心地、使い勝手がよくなっていく」というひとまとまりの価値が得られるのです。

　図1-9の方式を用いて、使えば使うほど使い勝手がよくなっていく調理器の実現も可能です。その場合、ユーザー・インターフェースは調理器の表示操作パネルや、スマートフォンになります。また、アプリケーションには、料理のレシピに応じて、調理器の動作を制御するプログラムが含まれています。将来、料理の人気レシピサイトから、調理器の火加減や温熱具合を自動的に調整する制御プログラムがダウンロードできるようになっても不思議はありません。

　図1-9の方式を用いれば、調理器における動作記録や環境条件の記録がたまっていきます。たまたま、おいしいスープができた場合の火加減や加熱時間の記録など、ユーザーが成功したと思われる動作記録にはタグをつけることによって学習機能が働き、調理器の制御がユーザーにとってしっくりしたものになっていきます。そうなれば、数多くの調理に使うほど、おいしい料理ができあがる可能性が高まる賢い調理器としていけるわけです。

1-5　ケース5：汎用機器のサービス媒体化によりひとまとまりの価値を創り出す

　日常生活の場へのIoTの導入は、すでに私たちが馴染んでいるモノを使って新たなサービスを生み出していく可能性を持っています。

　たとえば、冷蔵庫はいままで冷蔵・冷凍器具として単品で供給されてきました。図1-10のように、冷蔵庫内の食材の「在庫」を検知できるようになれば、サービス事業者とユーザーとの冷蔵庫収蔵管理サービスにもとづいて、あるいは、ユーザーによるスマートフォン・PCなどからの発注に応じて、欠品なくその都度宅配するサービスを受けられるようになります。買い物に行かなくても食材・飲み物はある、というひとまと

まりの価値が生まれてきます。

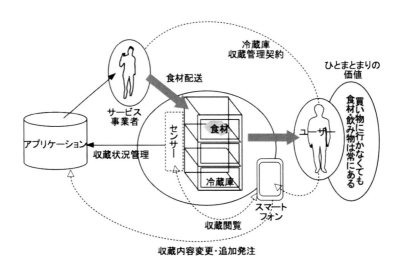

図1-10　ケース5：食材サービスの媒体としての冷蔵庫（概念図）

　冷蔵庫内部の「在庫」をいかに検知するのか、また、サービス事業者の宅配を受けるための冷蔵冷凍装置を住宅の外周部にどう設置するかなど、課題はあります。
　しかしながら、仮に図1-10のようなサービスが実現すればどうでしょうか。多忙でなかなか食材を買いに行けない人や、高齢で買い物に行くのが不自由な人も、豊富な食材や半調理品の宅配を受けられることや、常に新鮮な食材を得られることなどによって、豊かな食生活を送れるでしょう。ユーザーは「買い物に行かなくても、食材・飲み物は常にある」というひとまとまりの価値を享受できるのです。
　また、サービス事業者が栄養バランスなどを考えた提案など、単に食材の宅送にとどまらず、健康管理のサービスを付加する可能性もあります。さらに、1週間分の食材をストックする必要性が下がり、冷蔵庫のダウンサイジングが進むかもしれません。加えて、このようなサービスが

普及すれば、食品流通の仕組みにも大きな影響が及び、流通在庫により無駄になる食材量を最小化できることも考えられます。

この事例のように、冷蔵庫などの私たちの日常生活の場のありふれたモノが、IoTの導入によって、サービス供給の媒体として重要な役割を担い、モノとサービスの融合を進め、生活様式にも流通にも大きな変革をもたらす可能性があります。

1-6　ケース6＆7：多種データを基盤としたサービスによりひとまとまりの価値を創り出す

IoTの進展により、モノにさまざまなセンサーが埋め込まれ、ネットワーク化されて、多種多様なデータが収集できるようになります。それによって、複数のモノから集まるデータを利用し、生活に安心や潤いをもたらす種々のサービスが生まれてくることも期待されます。

たとえば、図1-11に示すような、生活機器に埋め込まれたセンサーから収集されたデータをもとにした健康管理サービスについては、すでに多くの事業者が検討していると想像されます。

なお、図1-11のセンサー付きベッドには、周囲の温度・湿度・気流速度などの環境条件を測定し、データを送信するセンサー、および脈拍数、呼吸数、ベッドでの人の動きを検知し、送信するセンサーが装着されています（すでに、こうしたセンサーは市販されています）。

ここではセンサー付きベッドに横臥するだけで、脈拍数、呼吸数、就寝中のベッドでの動きにかかわるデータが収集されます。また、トイレからは、体重、体脂肪、血圧、尿の成分に関するデータが採取されます。加えて、スマートフォンの運動検知機能を活用すれば、さらにいろいろな身体状況に関連するデータも採取できます。

これらのデータを整理し、分析することで、健康管理サービスを提供できます。データ分析結果や、通院や精密検査の必要性を含む、健康管

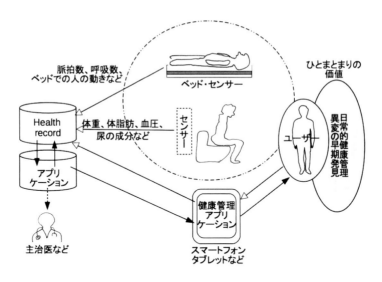

図1-11　ケース6：IoTを活用した健康管理サービス（概念図）

理上の助言は、本人にスマートフォンやPCのアプリケーションを通じて提供されるのです。データやその分析結果を、あらかじめ指定した医師（主治医）に通知したり、加療先の病院での診察時の参考情報として提供したりすることも可能です。ケース6のユーザーは、「日常的健康管理による予防措置、異変の早期発見」というひとまとまりの価値を得ているわけです。

　この仕組みは、働き盛りで病院に行く時間のない人や、高齢者の健康管理に適用できるはずです。働き盛りで突然命にかかわる状況に陥る人々のうち、発症前数年間の検査・通院記録がないことも少なからずあるといいます。こうした不幸な事態を避けるため、たとえ通院できなくとも健康を見守るサービスとしての発展・活用が望まれます。

　また、高齢者の方々にとっては、通院が大きな身体的負担になる場合もあります。医師、看護師、薬剤師、保健師の皆さんが、地域の中で連携して高齢者の方々の健康を管理する手段として図1-11の仕組みを活用

することも考えられます。

　図1-11の仕組みと同様に、図1-12に示すように、住宅内での健康管理・医療関連の情報収集に加えて、高齢者の安否を見守るサービスを展開していくことも考えられます。

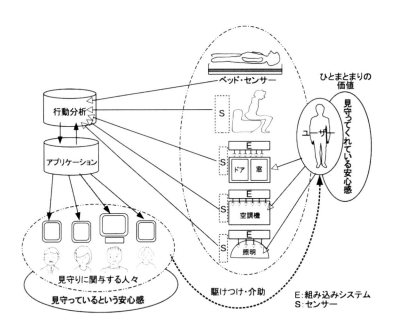

図1-12　ケース7：高齢者見守りサービス（概念図）

　図1-12のケース7では、見守り対象になる人の生活行為から得られたデータや、ドア、窓、空調機、照明をはじめとするさまざまな機器の使用記録がサーバーに送られて分析されます。また、図中では省いていますが、ケース4（図1-9）で用いた独立設置型のセンサーを設置し、データを集めることも考えられます。

　ケース7には2種類のユーザーがいます。一つは見守られている人で、「見守られている安心感」というひとまとまりの価値を享受しています。

もう一つは見守っている関係者で、心配な人を「見守っている安心感」というひとまとまりの価値を得ていると考えられます。

それぞれの人の行動は個々別々であり、個性的です。したがって、見守りという目的を達成するうえで、いかなるデータを集め分析することが費用対効果の高い方法となるのかという課題があり、現時点では、各種の組織や研究者が模索している段階と思われます。ただ、分析にあたって何らかの学習機能が必要なことだけは確かです。

プライバシーや尊厳をいかに守るのか、当事者の受容または同意をどう得るのかなど、検討の余地が大きい課題があることは事実です。しかし、いま日本では、高齢者の介護とその費用の増加が社会課題となっている一方で、図1-12の仕組みは、大きな投資を必要とせずに津々浦々の住宅や施設への導入が可能です。このことを勘案すれば、試行錯誤を繰り返し、経験知を積み重ねながら課題を解き、有用性を高めていくことは重要であると考えられます。

1-7 ケース8：総合調整によりひとまとまりの価値を創り出す

以上のケース1〜7で述べてきた手法を併用すれば、多様なモノから集まってくるデータを収集しながら、学習機能も利用して分析すると、ネットワーク上でつながるさまざまなモノを総合的に調整しながら働かせることができます。

たとえば、図1-13に示すように「夏、風邪もひかず、寝苦しくなく眠れる」というひとまとまりの価値を実現するために、窓、空調機、扇風機、およびセンサー付きベッドの働きを協調的に制御する場合を考えてみましょう。

就寝中の人の動きや状況はセンサー付きベッドから、また、睡眠空間の環境条件は、センサー付きベッド、空調機、窓に取り付けられたセン

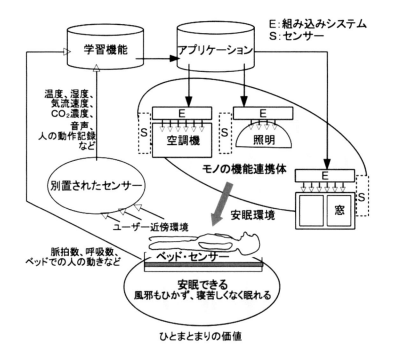

図1-13 ケース8：安眠サービス（概念図）

サーからサーバーに送信され、環境・睡眠の状況が解析されます。その解析結果をもとに、アプリケーションから、窓、空調機、扇風機に動作・制御命令が送られ、その人にとって風邪もひかずに安眠できる室内環境をリアルタイムで実現します。「夏、風邪もひかず、寝苦しくなく眠れる」というひとまとまりの価値がもたらされるのです。

図1-13は、他の機器に据え付けられたセンサーや、離れた場所にあるコンピューター・システムの情報処理能力を活用し、窓、空調機、扇風機を協調的に賢く動作させることを表しています。あまりに寝苦しいので、いったん起きて、窓、空調機、扇風機を操作しなくても、オフサイトにあるコンピューター・システムの解析力・学習力に環境調整を委ね

て、私たちは安眠というかけがえのないひとまとまりの価値を得られる
のです。

前述した「高齢者の健康に危険な室内温度差を解消する」ひとまと
まりの価値は、安眠サービスとほぼ同様の仕組みで実現できます。いい換
えれば、安眠サービスと温度差解消サービスとをあわせて提供できます。
また、ベッド・センサーが利活用されることは、ケース6の健康管理サー
ビスとも親和性が高いと考えられます。

図1-13と同様な仕組みを用いれば、室内環境の快適性を維持しながら
省エネルギーも実現できます。それとともに、車載のバッテリーを含め
た充放電機器や太陽光発電の機器も制御してエネルギーを賢く使ってい
く協調制御も実現できると考えられます。

1-8　ひとまとまりの価値は意味の変換・創造から生まれる

以上のケース1〜8のように、モノとモノをつなぐことで実現できるひ
とまとまりの価値を具体的に描いてみることは、生活用IoTの進展に、次
の二つの効果をもたらすことになるでしょう。

第一は、ひとまとまりの価値を実現するにあたっては、具体的にどの
ようなIoTの仕組みを組むべきなのか、そのためにはどのような技術的
シーズが適用できるのか、あるいは、新たな技術的シーズの開発を含め
どのような技術的課題があるのかを具体的に特定できます。すなわち、
ひとまとまりの価値というニーズが、技術的シーズを刺激し、技術革新
のきっかけを作っていく可能性があります。

第二に、ひとまとまりの価値にかかわるさまざまな議論を生むことにな
るでしょう。ここまで本書をお読みいただき、ケース1〜8をご覧になっ
て、はたしてそんなことまで必要なのかと、クビをかしげる方も少なか
らずおられることと思います。筆者もそれは当然だと思います。ただ、
それで具体的な議論が起き、私たちの生活にとって意味があるようなひ

第1章　IoTが生み出すひとまとまりの価値　｜　31

とまとまりの価値の構想を磨いていくきっかけになればよいのです。

ひとまとまりの価値が創り出されることとは、私たちにとってモノの持つ意味が変換したり、モノの新たな意味が創造されたりすることです。

ケース5では、冷蔵庫は単なる冷凍冷蔵収蔵庫ではなく、食材サービスの媒体となり、IoTに組み入れられることによってその意味を変えています。同様に、ケース6では、便器やベッドには身体に関するデータを計測する機器という新たな意味が加わっています。

見方を変えると、IoTによるイノベーションの起点となるひとまとまりの価値を創り出すことは、意味の変換・意味の創造から発するともいえます。

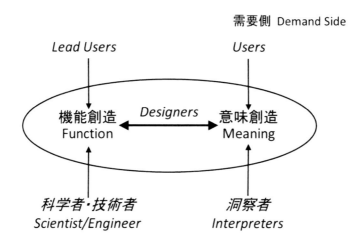

図1-14　意味創造にかかわる人々

図1-14では生活の豊かさ、便利さ、潤い、幸せ感（以下、短縮して「豊益潤福」と呼びます）をもたらすような意味創造にかかわる人々を表しています。技術者・科学者はモノの機能創造に大いなる力を発揮します。

一方、モノの意味創造においては、ユーザーや「Interpreters」という人々が関与します。このInterpreters（洞察者）はVergantiがその著書で唱える概念で、次のような人々が含まれます。

・他産業の従事者
・デザイナー
・材料供給者
・教育者
・アーティスト

　これらの人々は、いかなる豊益潤福が求められているのか世の中の動きを鋭敏に読み取り（=interpretし）、意味の創造に重要な示唆を提供してくれます。たとえば、他産業の従事者は、世の人々が日常生活でどのような体験を望んでいるのかについて別角度から関心を持ち、経験知を積み上げています。また、デザイナーには、日常生活に関するビジョンやデザイン言語（モノへのメッセージの仕込み方）に関する知識があります。また、材料供給者は、材料が将来どのように日常生活で使われうるかに関心を抱き続けています。共通するのは、これらの主体が、世の人々の将来の生活動向に関心があり、それぞれの仕事のなかで、独自の方法を用いてその動向を探り、将来の文化社会のあり方に関して何らかの知識や洞察を持っていることです。これらの人々は、傍観者ではなく、その仕事を通じて、人々が日常生活で抱く考えや感覚に影響も与えています。こうしたInterpretersと交流し、啓発されることによって、意味の創造または転換が促されることになります（Verganti、2009）。
　要は、意味創造による「ひとまとまりの価値」の創造を促進していくためには、科学者・技術者だけでなく、ひとまとまりの価値の創造のプロセスにユーザーやInterpretersを巻き込み、そうした人々とのわいわいがやがやした環境の中から発想していくことが肝要なのです。いい換

えれば、多様な人々が集まり、モノ同士を新たに結び付け、私たちの生活にとって新たな意味を加えるひとまとまりの価値を構想していくことが、生活用IoTによるイノベーションを進めていく出発点としてとても重要です。

＜参考文献＞

Roberto Verganti, Design-Driven Innovation？ Changing the Rules of Competition by Radically Innovating what Things Mean. Boston, MA: Harvard Business Press, 2009.

第2章　生活用IoTでは「場でのまとまり」が重要

　前章では、モノとモノとをつなぐことで実現できるひとまとまりの価値を具体的に描いてみることが、生活用IoTの出発点になることを述べました。描いた内容が、「絵に描いた餅」で終わらないようにするためには、モノとモノとがスムーズにつながって、新たな意味を創造していかなければなりません。では、そのためには、どうしたらよいのでしょうか。以降の章では、「日常生活の場で、モノとモノとがスムーズにつながって、ひとまとまりの価値を創造していく活動が盛んになって発展し、生活用IoTが普及していくにはどうしたらよいのか？」という問いを主題に据えて、筆者の考えを説明していきます。

　まず本章では、先行して進む、産業用のIoT（Industrial Internet of Things）の成果が、どのくらい生活用IoT（Domestic Internet of Things）で応用できるのかを考えていきます。いい換えれば、「ひとまとまりの価値」を生んでいくために、生活用IoTが独自に解決していかなければならない課題は何で、それはどのように解いていかねばならないのかを考えていきます。

2-1　本章のあらすじ

　まわりくどくなるといけないので、本章のあらすじ、結論を先まわりして述べておくことにします。

　現代の多くのモノ（製品）は、工場でさまざまなモノ（部品）を組み付けて（アセンブルして）作られています。ドイツ政府が推進するインダストリー4.0（Industry 4.0）は、IoTを用いてモノ（製品）のつなぎ方

を高度化・効率化し、一品一様な（一品一品、仕様が異なる）モノを大量生産並みの効率で実現することをやってのけようとしています。

一方、生活用IoTでは、日常生活のそれぞれの場で、モノとモノとを一場一様に（その場その場で異なる様式で）つないでいこうとしています。

もちろん、インダストリー4.0で培われた一品一様のためのノウハウを一場一様の実現に応用できる可能性はあります。ただ、違いもあります。その違いの一つは、ライフサイクル上での位置付けの相違です。図2-1は、モノのライフサイクルという時間軸から見たインダストリー4.0や、GE社が推進するインダストリアル・インターネット（Industrial Internet）、生活用IoTの位置付けを概念的に示しています。

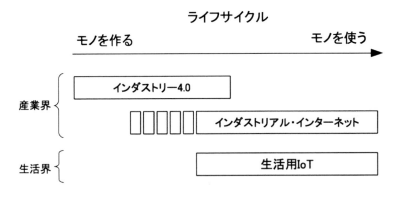

図2-1　モノのライフサイクルから見た各種IoT構想の位置付け

現在のところ、インダストリー4.0は、「工場のIoT化」という言葉に象徴されるように、モノを作る段階でのIoT導入を主領域としています。これに対して、インダストリアル・インターネットは、火力発電所や航空機エンジンの故障予知や運用の最適化など、モノを使う段階で成果をあげています（注1）。また、生活用IoTも、第1章のケース1〜8で示したように、モノを使う段階を主な対象にしています。

こうした観点から見れば、インダストリアル・インターネットで培っ

た賢いモノの使い方に関する知識・手法が、生活用IoTに適用できる可能性も大いにあると思われます。

ただ、インダストリアル・インターネットと生活用IoTとの間に重要な違いもあります。図2-2は、その相違を概念的に表したものです。

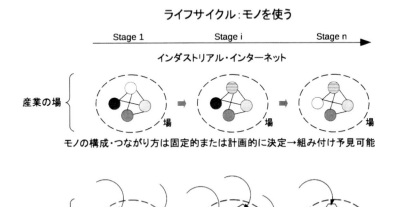

図2-2 インダストリアル・インターネットと生活用IoTの相違

現時点でインダストリアル・インターネットの対象となっている、火力発電所、航空機エンジンなどは、多数のモノ（部品）から成り立っていますが、その組み付け方は、使われる前に入念に設計・計画されています。使っている間に部品やシステムの一部が入れ替わることがあっても、その入れ替わり方もその計画の範囲内です。

これに対して、生活用IoTでは、たとえばある人の住宅でどのようなモノが使われるのか、すべてが計画的に事前に決められるわけではありません。おりふしのニーズに合わせて、あるいは衝動的に種々の機器が

買われることによって、住宅など日常生活の場にさまざまなモノが「同居」していきます。日常生活の場でのモノの組み合わせは、こうした成り行きで決まっていくわけで、計画的ではなく予見できないことのほうが一般的だと思われます。

　しかも、住宅をはじめとする日常生活の場を取り巻く物理的環境も、その場にいる人々が実現したいと思っているコトも千差万別です。結局、成り行きで決まってくるその場その場の状況・条件に合わせて、モノとモノを情報空間の中でつなぎ合わせ、モノを使用・運用していかねばならないのです。

　この、成り行きで決まる、その場その場の状況・条件に合わせてモノをつないでいくことについては、他に参考例があるわけではなく、生活用IoTの開発者・実施者が自ら解いていかねばならない課題です。この章のタイトル、「場でのまとまりが大事」は、この課題を表しています。では、「場のまとまり」とは、具体的にはどのようなコトをいうのでしょうか。

　以上のような流れで、本章を記していきます。それでは、もう少し詳しく考えてみることにしましょう。

（注1）インダストリー4.0、インダストリアル・インターネットという看板を掲げ、産業界でのIoTを進めていこうとしている当事者の方々は、図2-1には違和感があるかもしれません。というのは、これらの構想の対象は、理念上はもっと広い範囲であるように思われるからです。図2-1は、現状の適用範囲を筆者の直観にもとづいて描いたものです。

2-2　インダストリー4.0によるモノの組み付けの高度化

（1）たくさんのモノから成り立つモノが文明を支えている

　モノとモノとをつないでひとまとまりのモノにすることは、現代では幅広く行われています。自動車、電車、飛行機、船、発電機といった大きなモノから、パソコン、カメラ、時計といった小さなモノに至るまで、

私たちの文明生活を支えているモノは、数多くの部品というモノから成り立っています。これは、技術が高度化したために専門化が進み、結果として専門性を持った作り手が分業してモノ作りに取り組んでいることを反映しているといってもよいでしょう。

　モノがどのくらいの数の部品で成り立っているのかを表す概念として、「部品点数」と呼ばれる概念があります。

　どこまで細かくブレークダウンをしてみるかで、いくらでも部品点数は増えていきます。たとえば、パソコンは基板上の抵抗器、コンデンサー、ネジも含めて数えあげれば、数万点の部品点数になるといわれています。

　筆者が調べた限り、部品点数の数え方について明確な基準はないようです。ただ、多くの用例を見ると、その製品を完成させる最終組み立て段階でのまとまりの単位を部品と見なして、部品点数を数える場合が多いようです。

　このように数えるならば、パソコンの部品数は一気に減少して、たとえば、最近の自作パソコンの部品点数は、CPU、マザーボード、メモリ、ハードディスク、VGA、DVDドライブ、PCケース、電源ユニットなどわずか7〜10点程度であると見なすことができます。

　では、自動車の部品点数を同じような基準で数えると、どのくらいになるのでしょうか。最終組み立てをする自動車メーカーから見れば、外部の企業に委託して製造するラジオ、メーター、ダイナモなども一部品であり、また、別々に納入され、最終組み立てで用いられる多種多様なボルト、ナット、クリップも一部品となります。このような方針で自動車の部品点数を数えると、約3万になるそうです（注2）。

　旅客機の機体で使われている部品点数は、300万〜400万といわれています。また、ブロック建造工法で組み立てられる船は、鋼板・鋼材からなる約10万個の船殻部材および20〜30万個の艤装品から成り立っているとのことです（注3）。となると、部品点数は、30〜40万個ということになります。

自動車・飛行機・船よりも小さいモノに転ずると、デジタルカメラの部品点数は約600〜1000点であり（注4）、カラーコピー機の部品点数は約2200点（ネジ750本を除く）であるといわれています（注5）。

このように、現代文明を動かしているモノの多くは、部品というモノの集合体として構成されています。

（注2）http://bit.ly/2lsxO8S　retrieved on Aug. 12 2016
（注3）田村嘉弘・白井徹・梶原一友 "造船BOM（部品表システム）の構築と活用による艤装品の管理と整流化（船舶・海洋特集号）" 三菱重工技報 47.3（2010）：108-113.
（注4）http://s.nikkei.com/2k5xMln　retrieved on Aug. 13 2016
（注5）http://bit.ly/2lq3dbm　retrieved on Aug. 13 2016

（2）部品点数が多ければいいわけではない

人々があるモノ（製品）を使い始めれば、「さらにこうしたい。ああしたい」と要望が湧いてくるのは自然の成り行きです。現代社会では、モノに求められる機能は多岐にわたり、高度化していく傾向があります。その傾向に応えるため、新たな部品が加えられ、結果として部品点数は増えていく傾向もあります。

しかし、部品点数は多ければ多いほどよいわけではありません。部品点数が増えれば、部品同士の組み付け（アッセンブリ）数が増えていくことになり、手間がかかり生産性を低下させます。また、そもそも組み合わせに起因する不具合が発生する恐れも高まっていくと考えられます。

そこで、さまざまなモノ作りで、できるだけ少ない部品点数で製品の機能を実現する探求がなされてきました。たとえば、かつて「機械式腕時計」は100点以上の部品から構成されていました（高級時計に至っては、熟練職人が150点の部品を組み込んで完成させていたそうです）。これに対して、水晶振動子を用いて時針の速度を調節するアナログ式のクオーツ腕時計が登場すると、その部品点数は50個から80個程度に減ったそうです。さらに、水晶振動子の信号を電気的に処理して時刻表示する

デジタル表示式のクオーツ腕時計では、部品点数が40個程度にまで絞られたとのことです。従来の機械式腕時計よりも部品点数が少なく、工程数も少なくなり、作りやすくなったのです。これによって、腕時計は熟練職人に頼らずに大量生産システムへと移行し、水晶振動子を用いた時計の精度の高さとも相まって、誰もが持つことのできる日常品へと変貌した（注6）のです。

このように、少ない部品点数に絞ることでイノベーションを起こした例は過去に数多くあり、部品点数の削減は、いまでも、いろいろなモノ作りの現場での標語にもなっています。

モノにコンピューター・システムを組み込むこと自体は、部品点数を増やすことにはなります。しかし、モノをソフトウエアで制御して機械的機構や回路を省略させることで、部品点数の削減に効果を上げていく可能性は大いにあります。

ただ、仮にそうなったとしても、膨大な数の部品を間違いなく組み付けていくという課題がなくなってしまうことは考えられません。

（注6）公益社団法人発明協会HP　戦後日本のイノベーション100選　クオーツ腕時計
http://bit.ly/2kovkr8　retrieved on Aug. 14 2016

（3）調達・供給や組み立ての自動化

そこで、部品点数の増加、部品組み合わせの多様化が不可避であることを前提に、ICTを活用して組み立て・組み付けを高効率化していこうとする試みが種々なされています。

その一つは、多様な部品の調達・供給の自動化です。部品点数が増えれば増えるほど、部品と部品とを接合していく作業よりも、部品と部品が設計通りに接合されるように必要な部品を調達し、適切なタイミングで生産ラインに供給する段取り作業のほうに多くの労力が費やされます。電子タグ（RFID）などの電子識別子を部品に貼り付け、調達・供給の管

第2章　生活用IoTでは「場でのまとまり」が重要 41

理を自動化していくことにより、組み付け作業全体の効率を向上させよ
うという試みは、日本のモノ作りの現場では数多くなされてきました。

　たとえば、NEC米沢工場では約2万種類のパソコンの最終組み立てを
行っています。電子タグ（RFID）などの電子識別子を活用した部品の発
注や物流が管理されていることで、膨大な種類の部品の組み付け作業の
効率を高め、その生産性は2000年からの10年間で8倍上昇しました（注
7）。その結果、約2万種類を取り扱っているにもかかわらず、受注から3
日でパソコンを製造することを実現しています。

　もう一つは、組み立ての自動化です。数十個程度の点数の部品を組み
立てる工程をロボット・ステーションで行うことは、日本の津々浦々の
工場で従前から行われてきました。さらに最近では、数百から数千オー
ダーの点数の部品を自動組み立てする試みも始まっているようです。た
とえば新聞報道によれば、キヤノンでは、約600〜1000点の部品点数の
デジカメを日本国内で自動組み立てをする計画をしているとのことです
（注8）。

　以上のようなICTを活用した多種多様な部品の管理の高度化と自動組
み立ての延長線上にあるのは、IoTによる多種多様な部品の自動管理と
組み付け組み立ての自動化です。

（注7）http://bit.ly/2kQjutl　retrieved on Aug. 13 2016
（注8）http://s.nikkei.com/2k5xMln　retrieved on Aug. 13 2016

(4) そしてインダストリー 4.0が登場する

　ドイツ政府が産業界と一体になって押し進めているインダストリー4.0
（ドイツ語Industrie 4.0、英語industry 4.0）は、まさに調達・供給や組み
立ての自動化という方向性の中で組み立てられた構想といえましょう。

　いい換えれば、インダストリー4.0は、モノ（部品）の組み付けの煩雑
さを革新するために、IoTを導入する構想（注9）ともいえます。

インダストリー4.0は、モノ同士がネットワークを介してお互いにコミュニケーションできる（communication-capable）ことを基盤に、自己組織化するかのように自らを自律的に組織立てつつ稼働していく「未来型工場」を実現し、大量生産品と同水準のコストで一品一様のモノ（製品）作りを目指しています（注10）。

具体的には、インダストリー4.0が適用された未来型工場では、図2-3に示すような仕組みで、部品の組み付けの高効率化を進めていくと説明しています。

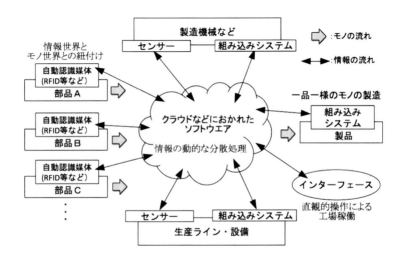

図2-3　インダストリー4.0による組み付け高効率化の仕組みを支える技術群──Fraunhofer研究所と協働して自動修正式穴あけ・曲げ加工機械を開発しているWeidmuller社の2013年展示会用資料（注11）を参考に作成。

インダストリー4.0の構想に代表されるように（注12）、産業分野におけるIoTの適用は、多種多様の部品からなるモノの組み付け（アセンブリ）の高効率化を促進しつつあります。一品一様のモノ作りを大量生産品と同水準のコストで実現する夢を射程に入れていると考えられます。

生活用IoTも、その場その場の状況・事情に応じてモノが結び付いてい

くことが必要になります。それだけに、インダストリー4.0における「自己組織化するかのように自らを自律的に組織立てつつ稼働していく」技術は大いに参考になり、応用もできるはずです。図2-3に示された技術群の対象を工場から住宅に置き換えた場合、図2-4のように翻案できると思われます。

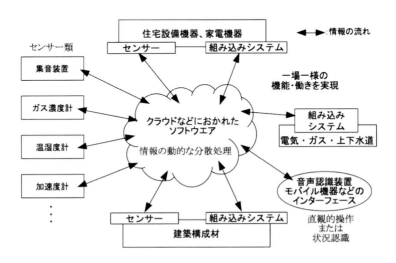

図2-4　インダストリー4.0の技術群の対象を工場から住宅に読み替えてみるとどうなるか

　図2-4が示唆するように、インダストリー4.0で磨き上げられていく技術群は、生活用IoTでも応用可能だと思われます。その場その場にあるモノの種類・数はそれほどでもありませんが、日常生活の場に存在するかもしれないモノの種類は膨大ですので、部品点数の多いモノの組み上げに関するノウハウは大いに参考になるはずです。しかし、それだけで十分かといえばそうではありません。図2-1に示したように、インダストリー4.0はモノ作りの段階を主たる適用対象としています。これに対して、生活用IoTはモノを使う段階を主たる対象としているのです。

（注9）前項で述べた調達・供給や組み立ての自動化は、ある意味では、情報化が社会を革新していく第三次産業革命の範囲内だともいえます。インダストリー4.0（第四次産業革命）という名称は、IoTの導入で一線を画するような変革を起こすという意気込みが込められていると想像されます。

（注10）第三次産業革命の段階では、個別的な製品の組み付けは、数量がまとまらず、生産性が低く、採算性が悪いと考えられてきました。

（注11）http://bit.ly/2koKXij

（注12）なお、インダストリー4.0の構想者たちは、インダストリー4.0をCyber Physical System（CPS）にもとづく新たなモノ作りとも説明しています。喜連川優によれば、Cyber Physical System（CPS）は「実世界（Physical System）に浸透した組み込みシステムなどが構成するセンサーネットワークなどの情報を、サイバー空間（Cyber System）の強力なコンピューティング能力と結びつけ、より効率のよい高度な社会を実現するためのサービスおよびシステム」です（http://bit.ly/2k4OB52　retrieved dated on 14 August）。

‖‖

コラム　住宅産業にインダストリー4.0は適用できるのか？

　住宅というハコモノの部品点数は、通常の規模の一戸建て住宅でも、住宅の部品・部材点数は一棟あたり1万点にも上るといわれています（注13）。

　しかも部品・部材は、住宅の広さや間取り形状によって種類が異なってきます。たとえば、ひとくちに浴室ユニットといっても、大きさも異なれば、左右どちらからドアが開くのかも異なります。つまり、住宅に用いる部品・部材は似ているようで、多種多様にならざるを得ません。その結果、プレファブ住宅メーカーが管理している部品点数が、20〜30万点に及んでいたとしても不思議ではないと想像されます。日常生活の重要な場である住宅も、自動車や飛行機や船と同様に、膨大な種類の部品・部材が組み付けられて（アセンブリされて）作られたモノであることがわかります。

　それだけに、住宅やそれを構成する部品・部材を工場で製造する局面において（注14）、インダストリー4.0による組み付け高効率化が適用されれば、大きな効果を生むに違いありません。特に、日本のプレファブ・メーカーや、部品・部材を工場で生産している建材メーカーは、一戸一戸別々の住宅を供給すること（mass customization）を念頭に、多品種少量生産のノウハウを磨き展開してきました。インダストリー4.0は、一品一様のモノの生産製造を無理なく進めていくための仕組みであるだけに、日本の住宅メーカーや建材生産企業が蓄積してきたノウハウとインダストリー4.0の構想とのシナジー（相乗）効果は高いと考えられます。

‖‖

（注13）大和ハウスHP　http://bit.ly/2lsU56p　retrieved on 11 August

（注14）現代社会の住宅・建築は、その構成部品や部材を、住宅・建築を建設する現場ではなく、工場で生産することが一般的になっています。このように現場に持ち込む前に工場で部品・部材を製造することをprefabrication（プレファブリケーション）といいます。プレファブ住宅のプレファブは、prefabricationに由来します。

2-3 インダストリアル・インターネットによる継続的運用改善

このように考えてきますと、General Electric（GE）社が進めているインダストリアル・インターネット（Industrial Internet）は、現時点では、モノを使う段階を主領域としているだけに、生活用IoTにとっても応用できる知見が多く生まれつつあるように思われます。

インダストリアル・インターネットが、現時点で特に顕著な成果をあげているのは、「使えば使うほど効率が向上する」火力発電所、「使えば使うほど予防保全の精度が向上する」航空機エンジンなど、モノの運用を最適化する分野です。これは、もともとGE社自身に運用にかかわる経験知が蓄積されている分野でした。ただし、一時代前であると、それは属人的に蓄積された暗黙知でした。インダストリアル・インターネットは、モノの使い方に関する属人的な暗黙知を、アプリケーションに翻訳してモノを賢く使っていこうとする点から発しているといってもよいと思えます。

モノの各所にさまざまなセンサーを配してデータを収集・分析することによって、その運転効率の向上や、保全の効率性（注15）を高めるなど、モノの運用の最適化が継続的になされています。

GE社は、火力発電所、航空機エンジンという巨大システムを構成するモノとモノのつながりを情報世界の中で定義していくプラットフォームPredixを構築しました。重要なことは、Predixが他企業でも使えるように公開したことです。これは、センサーからあがってくる情報を解析しながら、モノの使い方を継続的に改善していこうという動きを、汎産

46 ｜ 第2章 生活用IoTでは「場でのまとまり」が重要

業的に進めていくためのイニシアチブ（主体性、主導権を持った率先垂範）であるでしょう。日本の産業が得意とされている、微妙で複雑な運用調整にかかわるノウハウは、インダストリアル・インターネットを利活用することで大いに発展する可能性があります。また、逆にこうした変革の潮流に背を向けると、職人的暗黙知が、アプリケーションの背後にある解析能力・制御能力に凌駕されるリスクもあります。いずれにせよ、ひとまとまりのモノの運用改善をしていくための解析力・調整力は、間違いなく企業間競争の比較優位性になっていくでしょう。

　このように、インダストリアル・インターネットは、使い方を革新するために、IoTを導入する構想であるともいえます。使いながら学び、だんだんと賢くしていくノウハウは、第1章で例示したケース1～8では重要なノウハウになります。特に、インダストリアル・インターネットで磨かれつつある次のようなノウハウは、生活用IoTでも応用されていくと思われます。

　・使われているモノや周囲のセンサーから送られてくる情報からデータをいかに解析して、状況を推測したり、異常を検知したりするのか
　・一つのアプリケーションで、いかに複数のモノをつないで制御するのか

　このように、インダストリアル・インターネットの発展は、生活用IoTの進展も牽引していくことが期待されます。

（注15）故障検知の精度を高めて、必要なときに、必要なレベルでの維持修理をするノウハウも含まれています。

2-4　モノが場で結び付いてひとまとまりの価値を創り出す

（1）産業用IoTの手法だけで十分なのか？

　2-2で述べたインダストリー4.0や、2-3で説明したインダストリアル・インターネットなど、産業界で発展を遂げつつあるIoTの手法は、すでに述べてきたように生活用IoTにも応用できます。

　では、それらの手法を応用するだけで、生活用IoTは「ひとまとまりの価値」を提供していけるのでしょうか。

　筆者は、それだけでは不十分だと思っています。というのは、生活用IoTには、産業用IoTではあまり出てこない課題もあるからです。では、その課題とは何なのでしょうか。そのことを説明していきます。

（2）日常生活の場で用いられる二種類のモノ

　私たちが、日常生活の場で使っているモノには、二種類あるように思われます。

　一つは、場の状況・条件にかかわりなく、単独で使用価値を提供するモノです。たとえば、自動車は、どのような天候・悪路でも、移動するという使用価値を提供してくれます。また、ノートパソコンも、場所の条件の制約を受けずにどこでも情報処理の仕事をしてくれます。このように、場所・状況に関係なく、いい換えれば、場所にある他のモノとは関係なく、単体単独で使用価値を提供してくれるモノは、私たちの身のまわりにたくさんあります。

　もう一つは、場の状況・条件に、その使用価値が左右されるモノです。たとえば空調機は、「快適な室内環境」を得るために使用されます。ただし、「快適な室内環境」という使用価値を得るには空調機の機能・働きだけでは不十分で、図2-5に示すように、窓などの開口状況や、床・壁・天井・窓ガラスといったモノの表面温度によっても大きく左右されます（空調機の役割は、補助的な役割を果たしていると表現する建築技術者す

48　　第2章　生活用IoTでは「場でのまとまり」が重要

らいます)。いい換えれば、「快適な室内環境」というひとまとまりの価値を実現していく立場から見れば、空調機の使用価値は、床・壁・天井・窓ガラスといったモノとの関係で決まってくると考えられます。

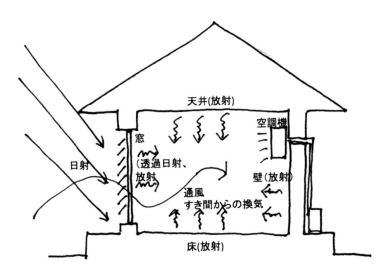

図2-5　複数のモノが関連して「快適な室内環境」をもたらす（概念図）

(3) 日常生活の場の複数のモノを組み付ける

　第1章で取り上げたIoTの適用事例を振り返ってみましょう。表2-1に示すように、これらの事例のうち、少なくとも、ケース2、ケース6、ケース7、ケース8は、同じ場にある複数のモノがつながって「ひとまとまりの価値」を生み出しています。

　たとえば、「地震のときにもとっさに対応できる」という「ひとまとまりの価値」の生み出すにあたっては、深夜地震が起きる際に、照明が自動的に点灯してくれれば便利ですが、仮に火気使用機器が自動的に停止しないとすれば、片手落ちの感があります。照明器具、テレビジョンやラジオの緊急放送のスイッチが自動的に入り、避難経路上のドア・窓が

第2章　生活用IoTでは「場でのまとまり」が重要　49

表2-1　場の複数のモノで「ひとまとまりの価値」を創り出している例

	サービス	IoTによって つながるモノ	実現を目指す 「ひとまとまりの価値」
ケース2	緊急地震通報による機器停止・作動	照明器具／ラジオ／テレビジョン／ドア・窓／火気使用機器	地震のときにもとっさに対応できる
ケース6	健康管理サービス	トイレ器具／ベッド	日常的健康管理 異変の早期発見
ケース7	高齢者見守りサービス	トイレ器具／ベッド／窓・ドア／照明／空調機	見守ってくれている安心感
ケース8	安眠サービス	センサー付きベッド／窓／照明／空調機	風邪もひかず、寝苦しくなく安眠できる

自動的に開き、火気使用機器が自動的に停止してくれることで、「地震のときにもとっさに対応できる」という安心感が確かなものになると思われます。

　また、安眠サービスについては、ベッドなどに設置されたセンサーから得られる情報をもとに、窓、照明、空調機が一体的に作動するからこそ「風邪もひかず、寝苦しくなく安眠できる」ようになります。

　図2-5や表2-1に掲げたケースが示すように、日常生活の場には、複数のモノをつなげることによって、そこに身をおく人にとって嬉しい「ひとまとまりの価値」を生み出す可能性が数多く眠っているのです。

　つなげられたモノは「ひとまとまりの価値」を生む部品であるといってもよいでしょう（注16）。日常生活の場に固定・定置されているモノを部品と見立てて、どのモノとどのモノとを組み付ければ、いかなる新たな「ひとまとまりの価値」を生み出すのか、という発想が、生活用IoTには求められています。

　そして、工場という安定した環境ではなく、状況が始終流動している日常生活の場でモノを組み付けていくことこそが、産業用のIoTでは見

られない、生活用IoT特有の課題なのです。

　では、その課題をさらに具体的に掘り下げてみましょう。

（注16）ここで、つなげられるモノの使用価値は、「ひとまとまりの価値」の創り出しにどのくらい貢献しているかで、いい換えれば、その場にある他のモノとの関係で決まってくると考えられます。また、結び付けられるそれぞれのモノの働き・機能が持っている意味が変わったり、新たな意味を持ったりします。たとえば、健康管理サービスが生まれることにとって、トイレ器具は、伝統的な意味に加えて、健康データの収集装置、という意味を持つことになります。

2-5　「普通の人」はいない

　日常生活という場で複数のモノを組み付け、「ひとまとまりの価値」を創り出していくには、次の二つの点に留意しなければなりません。

・「普通の人」はいない
・日常生活の場では、モノの結び付きは成り行きで決まる

　まず、一つめの「『普通の人』はいない」ことを説明していきます。

　表2-1に掲げた事例のうち、健康管理サービス、高齢者見守りサービス、安眠サービスは、各人各様の事情や特徴に応じたサービスが提供できるからこそ価値を持ちます。そこには「普通の人」はいません。もし仮に「普通の人」を前提に一律のサービスを提供したとすれば、これらのサービスは顧客からの不満やクレームが殺到し、あっという間にサービス提供者は廃業に追い込まれるでしょう。

　センサーを用いてさまざまなデータを収集し、大容量のコンピューターでデータ解析をして、各人各様の特徴が認識できるからこそ、これらのサービスは価値を持ってきます。生活用IoTは、「各人各様」を前提に、「一場一様」のサービスを提供できる点に価値の源泉があるのです。

第2章　生活用IoTでは「場でのまとまり」が重要　｜　51

たとえば、住宅のエネルギーの使用状況をモニタリングしてみた人々が異口同音に語ることは、入浴、睡眠、食事に限ってもそのタイミング、所要時間は実に各人各様だ、ということです。つまり、それぞれの人々の生活時間は、類型化する意味すら見出せないほどに千差万別なのです。もし、その住宅でエネルギーの使い方を工夫するとすれば、類型化された制御パターンを適用するのはナンセンスです。むしろ、行動の成り行きに応じて、適切に制御していく、運用のカスタマイゼーションをすることが合理的なのです。

　生活用IoTを進めていくには、「普通の人」がいることを暗黙の前提とした発想から抜け出す必要があるのです。

コラム　一品一様と各人各様・一場一様

　大量生産品を私たちが使うことが当たり前だった時代、企業は「普通の人」を想定してモノ作りをしてきました。1980年代以降、人々が個性を求め始めたことが顕在化して以降、多品種少量生産方式が採用されていきます（注17）。ただし、これも、規模の経済の原則（スケールメリット）の中で、できるだけ消費者に選択肢を用意しようとするものでした。企業は提供する選択肢の数と、規模の経済の原則との間のバランスをとることに苦慮してきたのです。

　一方、今世紀に入り、個を大切にする価値観がますます強まっていきます。Twitterなどの SNS、ブログの成長は、個を表明したい人々の潜在的な欲求を開け放った一例と考えられます。

　こういう流れの中で、「普通の人」を想定したモノ作りが、その適用領域を狭めていくことは自然の成り行きです。そして、インダストリー4.0が「大量生産品と同水準のコストで一品一様のモノ作り」を目指すことには必然性があります。

　しかし、一品一様のモノを作れば事足りるか、といえばそうではありません。日常生活の場で複数のモノが結び付いて「ひとまとまりの価値」を発揮するためには、刻々変わるその場の状況や、一人一人の個性に合わせて「一場一様」の使いこなしをしていく必要があるのです。

　いい換えれば、「普通の人はいない」パラダイムにもとづいて、各人一様の「ひとまとまりの価値」が享受できるように、「一場一様」の使いこなしを助けていくことが、技術には求められています。

（注17）日本の自動車産業が国際競争力を持った一つの要因は、同一車種の中で種々の装備やオプションを選択できるようにした点が消費者に支持されたことによると思われま

す。日本のプレファブ住宅産業が成長したのも、工業生産品でありながらオーダーメードの住宅を提供することが、顧客に支持されたからだと思われます。

2-6　モノの結び付きは成り行きで決まる

　では次に、日常生活の場でのモノの構成は、事前に計画的に決まるのではなく、成り行きで決まることを、日常生活という場で複数のモノを組み付けていくにあたっての留意事項として説明していきます。

　ここでモノの結び付きが成り行きで決まることには、次のような二つの意味での「成り行き任せ」が含まれています。

　・どのようなモノが、結び付く相手先として、その場にあるのかは成り
　　行き任せ
　・時間の経過とともに、その場からどのようなモノが撤去され、どの
　　ようなモノが持ち込まれることになるかも成り行き任せ

　その場その場に生じる、これらの成り行き任せの状況（非計画的で、不確定性のある状況）に応じて、モノを組み付けていくことが、「ひとまとまりの価値」を生むためには求められています。

　これら二種類の成り行き任せについての説明は、ちょっと抽象的すぎてわかりづらいかもしれません。そこで、繰り返しになりますが、以下、具体的に説明していきます。

（1）どのようなモノが日常生活の場にあるかは成り行き任せ

　図2-6は、日常生活の場である住宅で稼働している家電や機器を例示したものです。エネルギー・水の供給系統別に住宅におかれている設備・機器を例示しています。この事例は実験住宅ですので、設備がてんこもりになっている感があり、これほど設備を満載した住まいは、一般には

第2章　生活用IoTでは「場でのまとまり」が重要　｜　53

あまりないと思われます。かといって「何と何がある住まいが一般的なのか？」と問われても、答えが用意できないほど、住まいの中におかれている機器は千差万別です。

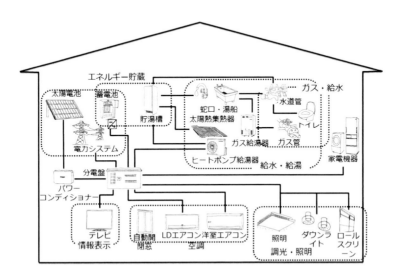

図2-6　実験住宅コマハウスにおかれた設備機器の機能系統図

となると、たとえば、「エネルギーを賢く使う」という「ひとまとまりの価値」を提供する場合には、給湯方式がガス給湯器なのか、電気を用いたヒートポンプ式給湯器なのかにかかわらず、また、太陽熱集熱器や貯湯槽があるかないかにかかわらず、機器の作動を相互に調整していくことが求められます。

これは、図2-7の概念図のように表せます。それぞれの日常生活の場は、「エネルギーを賢く使う」という「ひとまとまりの価値」を実現する目的がまず存在します。そして、その目的を達成することを発想の起点に、その場にある、どのモノと、どのモノとを一つのアプリケーションのもとに協調的に制御すればよいのか（＝どのモノとモノとを結び付け

ればよいのか）という思考が求められます。

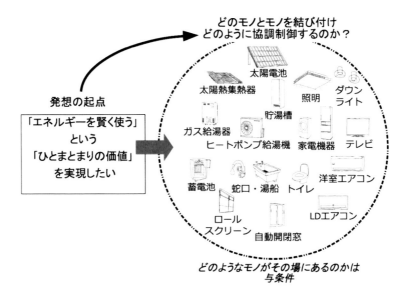

図2-7　日常生活の場ではDemandがモノの結び付きを牽引する

　ヒートポンプ給湯器があるから、あるいは太陽熱集熱器があるから何ができるのか、というシーズ側を起点に考える思考ではなく、「エネルギーを賢く使う」というニーズを起点に考えることが求められているのです。

　プロ野球球団やプロのサッカー・クラブでは、フロントが選手をそろえてきます。監督は、その成り行きの条件をもとに、フロントから与えられた選手をどのように使って、いかにしてゲームに勝つかを考えます。日常生活の場でのIoTも、これに似ています。IoTを用いて「ひとまとまりの価値」を実現しようとしている者にとっては、その場にあるモノの陣容は与条件なのです。

　技術的シーズが推動（push）するのではなく、「ひとまとまりの価値」というニーズが牽引（pull）するという性格が、生活用IoTにはあると考

えられます。

（2）日常生活の場でのモノの入れ替わりは成り行き任せ

　では、いったんその場にあるモノを組み付け、ある「ひとまとまりの価値」ができれば、一段落ということになるのでしょうか。

　残念ながらそうはいきません。機器が壊れてしまって修理するにも割高であるとか、使えるが陳腐化してきたとか、あるいは、店頭やネットショップ上で衝動的に購入意欲が高まったとか、いろいろな理由で、モノの買い足しや買い換えなど新たな購入が、暮らしながら発生します。結果として、日常生活の場では、それなりの頻度で、モノが入れ替わったり、新たなモノが持ち込まれたりします。かくして、日常生活の場でのモノの組み付けは、成り行きで決まっていきます。

　これが、本章冒頭の図2-2に示した状況です。時間の経過とともに、モノの構成・つながり方は変化をし、その変化は決して計画的なものではなく、成り行き任せです。どのようなモノとモノとをつなぐ必要性が生じてくるのかを予見することは、とても難しいのです。

　このように、ライフサイクルにわたっても成り行き任せになる点が、「モノの結び付きが成り行きで決まる」ことの第二の意味合いです。

（3）計画性はなくともニーズは首尾一貫

　以上述べたような意味合いで、日常生活の場でのモノの組み付けは、工業製品のように計画的に事前に決まるのではなく、成り行きで決まっていかざるを得ません。

　もう一度、図2-2を見てみましょう。自動車、電車、飛行機、船、ノートパソコン、カメラ、時計など、場所の状況・条件にかかわらず単独で使用価値を発揮するモノの部品構成は、設計段階で確定し、部品の組み付けは工場で行われます。それゆえ、図2-2の上段に示すように、モノ（部品）の構成は使用前に計画的に決められていて、使用後もほぼ固定的で

56　　第2章　生活用IoTでは「場でのまとまり」が重要

す。仮に部品交換するとしても計画の想定内であって、ライフサイクルにわたり、モノの組み付け（部品構成）は予見可能です。

一方、図2-2の下段に示すように、生活用IoTにおける日常生活の場での組み付けには、このような計画性や予見性はありません。

計画性、予見性のない領域で、アプリケーションによっていかにモノを組み付けていくか、という課題は、筆者が見聞する限り、まだ産業用のIoT（インダストリー4.0やインダストリアル・インターネット）の中心課題にはなっていないように思われます。

一方、この課題は、日常生活の場での生活用IoTを進めていくには避けては通れない課題です。

注意すべきコトは、モノの結び付き方に計画性がなく、予見性も低いことは、秩序のない状況だということではないというコトです。

たとえば「快適な室内環境」など、その場に存在する「ひとまとまりの価値」は一貫しています。たとえそれが、すでに人々が言葉で表現しているような顕在化されたニーズであるのか、あるいはまだ誰も気づいていない、あるいは表現していない潜在的ニーズであるのかにかかわらず、です。

産業用のIoT（Industrial Internet of Things）はどちらかといえば、まずモノや技術的シーズありきで、供給者側が推動（push）していく世界です。だからこそ、供給者側の計画・意思が、それぞれのモノのライフサイクルに及びます。

一方、生活用IoT（Domestic Internet of Things）では、それぞれの場に顕在・潜在する「ひとまとまりの価値」というニーズが、いい換えれば、ユーザー側が牽引（pull）していく領域です。

また、「ひとまとまりの価値」を実現するためにモノとモノが結び付いて形成される機能連係体（図1-4）にとっては、たとえば、自動掃除機の掃除機能そのものよりも、内蔵されている空間認知機能のほうがより重要な意味を持っていることがあり得る世界です、すなわち、図1-14の図

式に即していうなら、モノの機能の創造ではなく、モノの意味の創造からイノベーションが発することもあり得る世界です。生活用IoTによって、モノの持つ意味の変換が頻繁に起こり得るのです。

生活用IoTを進めていくには、ユーザー牽引型の思考、モノの新たな意味の創造から発想する思考が求められている、ともいえます。

2-7　生活用IoTでは場ごとのまとまりが大事

前述の二つの節をまとめると、生活用IoTでは、

・「普通の人がいないこと」という前提があり、
・モノの構成が成り行きで決まり、しかもモノを取り巻く諸条件が刻々変わる状況のもとで、
・一場一様の「ひとまとまりの価値」を各人各様に提供していけること

が重要です。

そのため、モノと、場と、アプリケーションとの関係について、新たな枠組を私たちは生み出していかねばなりません。この点について考えていくことにしましょう。

（1）別々のアプリケーションではうまくいかない

まず、うまくいきそうにもない枠組みを描いてみます。

図2-8は、仮に日常生活の場にあるモノが、その製造者・供給者が提供するアプリケーションごとにバラバラに制御されている状況を概念的に描いたものです。それぞれのモノを製造しているメーカーから見ると、IoTの発展は、組み込みシステムの容量によらず、そのモノとは離れた場所に存在する容量の大きなコンピューターで情報を処理し、モノを制御する機会となります。クラウド・コンピューティングを最大限活用す

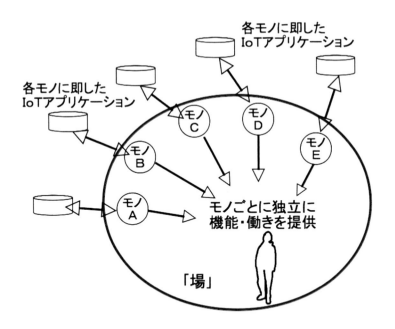

図2-8 同じ場のモノが別々のアプリケーションで制御されると…（概念図）

る機会が拡がるともいえます。そうなると、たとえば、洗濯機を売るのではなく洗濯サービスを売るとか、空調機を売るのではなく冷たい空気を売るというように、モノを売るのではなく、モノの機能・働きを提供するというサービス（使用価値）売り型のビジネスも増えていくことになるでしょう（図2-9）。

　このようなサービス化への移行は、たとえば、航空機エンジンを売るのではなく推進機能を売る形に移っているように、産業用IoTの多くのモノでもすでに見受けられます。

　それはそれでいいのです。しかし、図2-4のように、複数のモノが関連して「快適な室内環境」という「ひとまとまりの価値」を実現する観点から見れば、図2-8のように同じ場にあるモノが別々のアプリケーションで動くのは具合が悪いのです。というのは、クラウド・コンピューティ

第2章　生活用IoTでは「場でのまとまり」が重要 | 59

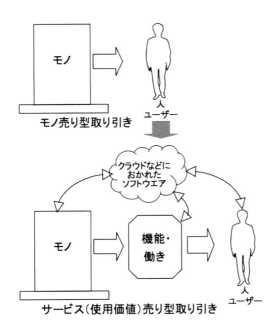

図2-9　IoT普及によるモノ売りから使用価値売りへの移行

ングのおかげで、空調機が向上した情報処理能力を活かしてどれほど賢く制御されたとしても、図2-4に掲げた他の要素が別々に制御されている限り、必ずしも「快適な室内環境」は実現できないからです。図2-6に示した実験住宅にあるモノが別々のアプリケーションで制御されていては、その住まいの場で「エネルギーを賢く使う」という「ひとまとまりの価値」を実現することは困難なのです。

　この例のように、複数のモノが結び付くことでもたらされる「ひとまとまりの価値」は、図2-8のようにモノが別々のアプリケーションでバラバラに制御されている枠組みでは実現困難といわざるを得ません。

　そうではなく、同じ場にある複数のモノが、一つのアプリケーションで統合的に制御される新しい枠組みを用いる必要があります。

（2）ローカル・インテグレーターという考え方

図2-10は、その新しい枠組みの概念を表しています。

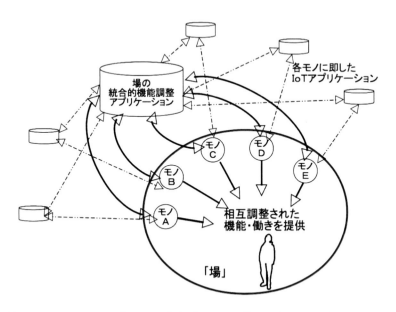

図2-10　ローカル・インテグレーター（概念図）：同じある場のモノを一つのアプリケーションで制御する

　この概念図は、同じ場にあるモノが、一つのアプリケーションで統合的に調整される枠組みの考え方を示しています。この図で、「ひとまとまりの価値」をもたらすアプリケーションが、モノの機能や働きを相互調整していく役割を、ローカル・インテグレーター（Local Integrator）と呼ぶことにします。つまり、その役割とは、成り行きに応じてモノ同士をつなげ、そのモノがその場その場の条件・状況に応じて融通無碍に動作するように調整するわけです。ローカル・インテグレーターは「場の統合的機能調整システム」といえます。ローカル・インテグレーターは、一場一様の運用によって刻々変わる状況にあわせて各人各様の価値を生み出す中核であるといってもよいでしょう。

図2-10のようにローカル・インテグレーターを描くと、それぞれの場やその近くに物理的に情報処理をするコンピューターがおかれているような誤解を与えるかもしれません。ですが、そうではありません。ローカル・インテグレーターは仮想的な存在で、インターネットがもたらすクラウド・コンピューティングの中の情報処理機能を表しています。その場に身をおくユーザーの感覚からすれば、図2-10のように、あたかもその場の近くで情報処理をしているように感じられます。しかし、実際には、ネットワークを介して、その情報処理は遠近問わず地球上のどこかで行われることを想定しています（注18）。

　前述のように、

・「普通の人がいないこと」という前提があり、
・モノの構成が成り行きで決まり、しかもモノを取り巻く諸条件が刻々
　変わる状況のもとで、
・一場一様の「ひとまとまりの価値」を各人各様に提供していけること

は、生活用IoTにとって大事な要件です

　実際、住まいや職場など、日常生活の場に身をおく人々の身体的状況、感覚、信条、性向は多様で、その物理的状況は千差万別です。ローカル・インテグレーターが、そこに身をおく個々の人々やその場の状況・条件（コンテクスト）をよく読み取ったうえで、モノの機能・働きを最適に調整できることが、その大事な要件を満たす第一歩となります。

　この第一歩を踏み台に「ひとまとまりの価値」を実現していくためには、ローカル・インテグレーターは、次のような役割を果たす技術的要素も含んでいなければなりません（図2-11）。

a. モノ、場を自動識別する役割（注19）
b. 個々の人々やその場の状況・条件（コンテクスト）を読み取る役割

a. モノ、場を自動識別する

b. その場やそこにいる人々の状況・条件（コンテクスト）を読み取る

c. その場やそこにいる人々に関するデータを収集し構造化し蓄積する

d. データを解析する

e. 解析結果をもとに、その場にあるモノを制御するための信号を送る

f. 複数のアプリケーションからその場に発せられるコマンドを整合する

図2-11　ローカル・インテグレーターが包含すべき技術的役割

（各種センサー群が担う）

c. その場や人々に関するデータを収集し構造化し蓄積する役割

d. データを解析する役割

e. 解析結果をもとに、その場にあるモノを制御するための信号を送る役割

f. 複数のアプリケーションからその場に発せられるコマンドを整合する役割

（注18）いい換えれば、実現しようとしている「ひとまとまりの価値」に応じて、モノ自身やその場を含め、どこのどういうコンピューターに何をさせるのかを最適に配分していけばよいのです。

（注19）場の共通ID（ユニークな識別番号）が与えられる仕組みが構築できることが理想です。しかし、当面できないのであれば、サービス提供者ごとに場所認識することも考えられます。

（3）複数のアプリケーションが同じ場で重なり合う

図2-11に示されている「f. 複数のアプリケーションからその場に発せ

第2章　生活用IoTでは「場でのまとまり」が重要　63

られるコマンドを整合する」役割とは何か。ここに疑問を持つ人は多いと思います。その点を説明しましょう。

　第1章のケース1〜8の説明に用いた図（図1-6〜1-13）と、図2-10とは、同じ構成を持っています。一つのアプリケーションがその場の複数のモノを情報世界の中でつなぎ、さまざまなモノで生成・収集された情報・データを集計分析し、モノを相互に調整しつつ制御して「ひとまとまりの価値」を実現する点で、その構成は同じです。いい換えれば、図2-10、図2-11に示したローカル・インテグレーターの概念・役割にもとづいて、さらにいろいろな生活用IoTを構想していけます。

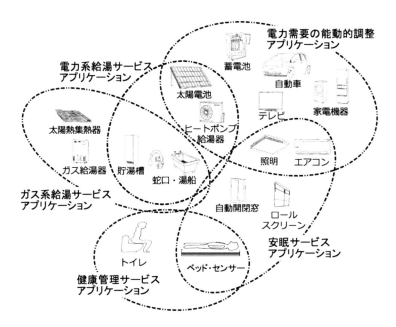

図2-12　場におけるアプリケーションの重なり合い

　こうした構想が実現していくと、たとえば、電力需要の能動的調整サービス、電力系およびガス系の給湯サービス、健康管理サービス、安眠サービスなど異なる種類のサービスを担う、別種のアプリケーションが、同

じ場を対象として、稼働することになります。図2-12は、その状態を表した概念図です。

図2-12は、ローカル・インテグレーターには、もう一つの大事な役割があることを示唆しています。それは、同じ場で働く異なるアプリケーションの間の調整です。たとえば、空調機は、電力需要の能動的調整サービス、健康管理サービス、安眠サービスにかかわるアプリケーションにより制御される可能性があります。当然のことながら、アプリケーションの制御信号同士の齟齬がトラブルを生む可能性があります。ローカル・インテグレーターは、その場の状況・条件に応じて、その場にあるモノに作用する複数のアプリケーションからモノに対して発せられるコマンド同士の優先度決定や調整をする役割を果たします。これが、まさに、図2-11に示した「f. 複数のアプリケーションからその場に発せられるコマンドを整合する」役割なのです。ローカル・インテグレーターは、クラウド（フォグ）コンピューティング上のバーチャルな存在で、情報空間の中で、あたかもその場を管理する主として、または、その場に身をおくユーザーの「代理人」としての役割を果たすともいえます。

なお、ここで「同じ場」といっても、それぞれのサービスの場がぴったり同じわけではなく、サービス対象の場が重なっている、といったほうが的確です。たとえば、表2-1における安眠サービスの対象の場は寝室ですが、健康管理サービスの場は住宅全体に拡がりますし、見守りサービスの場は住宅の範囲を超えることもあり得るからです。

（4）誰が担い手になるのか？

では、誰がローカル・インテグレーターの担い手となるのでしょうか。

工場で部品の組み付けが完了するモノ（自動車、飛行機、船、ノートパソコン、カメラなど）は、製造者（または、設計者、供給者）が使用価値創成のためのまとめ役の責任を果たします。そうしないと、法制上も、道義的にも、製造者責任、供給者責任を問われます。産業用のモノ

については、たとえば、発電所は電力会社が、航空機エンジンは航空会社がというように、運用運転に責務を持つ担い手は明確です。

　一方、生活用IoTの場合、誰がローカル・インテグレーターを構築し、運用する担い手となるかは、現時点では曖昧です。空調運転の最適化サービス、緊急地震通報による機器停止・作動サービス、健康管理サービス、高齢者見守りサービス、安眠サービスは各所で構想されていても、少なくとも本書執筆の時点では、担い手の姿は明確には見えてきません。

　ここでその担い手が現れなければ、図2-8のようなバラバラの状況に陥ることは必定です。もちろん、特定のモノの供給者が、さまざまなサービスにかかわるアプリケーションの構築・運用の分野に進出してくることは期待できます。ただし、次のような状況を考えると、そうした期待のみに、この国における生活用IoTの普及推進を頼るわけにはいきません。

・日本の企業が、製造するモノごとに縦割り（垂直統合）になっている
・モノを工場から出荷した時点、あるいはモノを売った時点以降はもっぱらユーザーの領域であると長く考えられてきて、いわゆるアフタケアを除き、その使い方領域までに深く関与してきた企業が少ない

　こうした状況を勘案すると、たとえば、空調運転の最適化サービス、高齢者見守りサービス、安眠サービスなど、新たなタイプのサービスを提供しようとする事業者が、そのサービスに対応したアプリケーションの構築や運用を担う方策をとることが、最も現実感のあるシナリオであると思われます。

　その担い手の、比較優位性の源泉は、図2-11にあげた技術要素に関する優位性、すなわち、種々のモノから情報を収集解析して状況認識（context awareness）し、その認識を踏まえて、モノを協調的に制御していく総体的な能力にあるといえます。このような能力が、複数企業の連携のまとめ役としても発揮され、生活用IoTによるサービスの提供者を核にした

新たな企業間連携のクラスターを生む可能性があります。

　いずれにせよ、「ひとまとまりの価値」を生むアプリケーションの構築・運用は、ユーザーとサービスとの相互のやり取りを促進します。モノをつなぐアプリケーションを用いてサービスを提供する事業者は、持続的なデータ収集・解析を通じて、継続的な「学び」によるサービス改善を展開しつつ、事業者としての比較優位性を構築していくと思われます。

　では、こうしたアプリケーションがその場その場で一場一様に働くことを保証するローカル・インテグレーターは、誰が担うのでしょうか。

　筆者は、二つの可能性があると考えます。

　一つは、アプリケーションを奉じて特定のサービスを提供する事業者が、その場に作用する他のアプリケーションとの調整をすることで、ローカル・インテグレーターを担う可能性です。

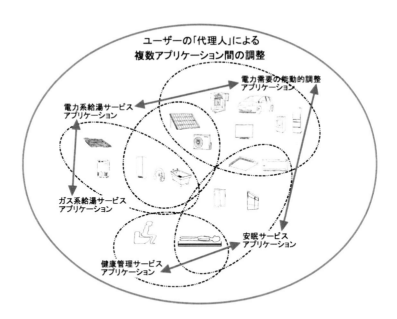

図2-13　ユーザーの「代理人」による複数アプリケーション間の調整：各種アプリケーションやサービスの提供者と、その場その場のユーザーの「代理人」は必ずしも同一主体ではない

もう一つは、その場のユーザーの「代理人」を任じる事業者が、その場に作用する複数のアプリケーションを調整するプログラムの構築と運用を担う可能性です。このような事業者は、「場の主」といってもよいかもしれません。図2-13は、ユーザーの「代理人」としての立ち位置を概念的に表しています。

2-8　オープン・システムでモノを融通無碍につないでいく必要性

　生活用IoT（Domestic IoT）では、成り行きでモノのつながり方が決まってきます。モノの入れ替えだけでなく、新たな「ひとまとまりの価値」サービスの創出によって、当初予想もつかなかったアプリケーションが作られ、思いもよらぬモノが情報空間の中でつながることもあるでしょう。

　どのモノとどのモノとが将来つながるのかはわからない点が、生活用IoTの特徴であることは、本章で繰り返し述べてきました。ローカル・インテグレーターは、生活用IoTの要件となる「その場のまとまり」を一場一様に作っていく役割を担います。

　その技術要素を列挙した図2-11をもう一度見てみましょう。

　この中に、「c.　その場やそこにいる人々に関するデータを収集し構造化し蓄積する」役割と「e.　解析結果をもとに、その場にあるモノを制御するための信号を送る」役割とがあります。実は、これらの技術要素が有効に働くためには、モノからデータがスムーズに集まるとともに、モノの組み込みシステムがアプリケーションからの動作・制御命令を受け取れることが大前提になります（図2-14を参照）。

　しかし、現実には、図2-14のようにスムーズにはいきません。というのは、現状では、モノへの組み込みシステムを稼働させるプログラムは多種多様な言語で書かれ、情報をやり取りするプロトコル（通信規則）

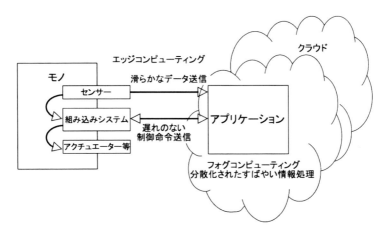

図2-14　モノとアプリケーションとの間の情報交換の滑らかさ（概念図）

も一様ではないからです。

　モノとモノのつながり方を計画的に事前に確定できる場合は、つながるモノ同士のプログラム言語やプロトコルを、つながるモノ同士の内輪だけでそろえていくクローズド・システムを採用することも可能かもしれません。

　一方、日常生活の場では、どのようなモノとモノとが結び付くことになるのかが予見できません。たとえプログラムの言語が異なっても、プロトコルが異なっても、情報交換が滑らかにできるような、オープン・システムとしていかざるを得ません。

　いい換えれば、プログラム言語やプロトコルの相違を超えて、モノとモノとが「コミュニケーションできる」モノの普遍的な接続性が求められているのです。では、どうすれば普遍的な接続性が得られるのでしょうか。この点は、第4章で考えていきます。

　その前に、ローカル・インテグレーターについて、まだ具体的なイメージをつかみづらい読者の方が数多くおられると推察されますので、次の第3章では、ローカル・インテグレーターの先行事例を紹介します。

コラム　TRON Projectと「場での統合調整システム」

　坂村健氏は今から30年前に、図2-15のような「未来住宅図」をすでに描き、本書でいうところのローカル・インテグレーターの基本概念を示しています。

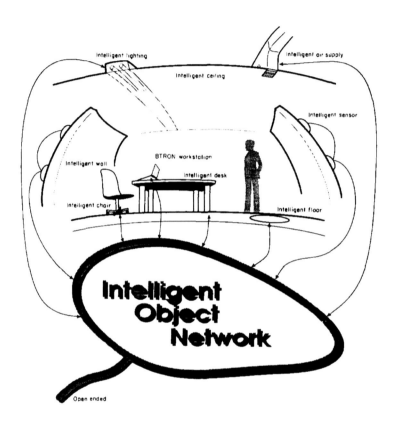

図2-15　坂村健氏が1987年に提示したTRON構想におけるHFDS（Highly Functional Distributed System）環境——出典：Sakamura, Ken. "The tron project." IEEE Micro 7.2（1987）：8-14.

　この図で、あらゆる機器、家具、建材あるいは住宅全体がマイクロコンピューターとセンサーの集合体となり、自律的に賢くふるまうようになるであろうと、予言しています。このような賢さを支えるために、組み込みシステムの情報処理能力が足りなければ、メインフレームコンピューターの能力が補完するであろうという今日のクラウド・コンピューティングに近い

概念も提示しています。

　IoT時代を迎えるにあたり、坂村健氏らのTRONプロジェクトが示した先見性にはあらためて驚嘆します。

第3章　ローカル・インテグレーターの先行実例

　前章で提示したローカル・インテグレーターは、絵空事ではなく、すでに先行事例があります。筆者は、コンビニエンス・ストア店舗での省エネルギーを進めるために、ICT（情報通信技術）を活用したシステムを構築し、導入するお手伝いをしました。2008年のことです。当時は、IoTという言葉は用いられていませんでした。ただ、いま振り返ってみれば、そのシステムはまさにIoTでした。しかも、そのシステムは店舗ごとに千差万別で、時々刻々と変動する条件に合わせて、一場一様の制御をする機能、すなわちローカル・インテグレーターの機能を含むものでした。また、コンビニエンス・ストアに引き続き、ゼロ・エミッション（使用エネルギーの正味量がゼロ）を目指す実験建築でも、一場一様に機能するローカル・インテグレーターを実装しました。

　ローカル・インテグレーターの具体的なイメージを持っていただくため、本章ではこれらの先行事例を紹介していきます。

3-1　事例1：コンビニエンス・ストアにおける導入事例

（1）動機：目に見えない無駄を発見したい

　コンビニエンス・ストアは単位面積あたりのエネルギー使用量が多く（注1）、東京大学生産技術研究所と株式会社ローソンが共同研究を始めた2008年頃には、各店舗の省エネルギーは、焦眉の社会的課題となっていました。たとえば、地球温暖化ガスの発生抑制に熱心に取り組む自治体の知事から、開店時間の規制検討を示唆する発言がなされたりしたものです。

省エネルギーというと、室内の快適性を損ねて人にがまんを強いることだというイメージをお持ちの方は少なからずおられると思います。しかし、そのようなやり方は一時的には省エネルギーの成果をあげるかもしれませんが、長続きするものではありません。特に、コンビニエンス・ストアなど店舗建築では、室内環境の快適さを損ねることは、営業に打撃も与えてしまうことになります。

（注1）株式会社ローソンの2008年当時の集計によれば、1店舗あたりの平均年間電気使用量は約19万（kWh／店・年）でした。

（2）課題①、②：多店舗からデータを集め、分析する必要性

　それだけに、やみくもに自虐的な省エネルギー活動をする前に、目に見えない無駄や機会損失を改善していく発想に立った取り組みが必要でした。ただし、こうした目に見えない無駄や機会損失を、五感を動員しても、なかなか発見できません。

　こうした無駄を見出すためには、知識を持った専門家が必要です。とはいっても、医師にとって何も検査をせずに病気の見立てをすることが難しいように、専門家とはいえデータなしで、目に見えない無駄を発見するのは困難です。どこに無駄があるかを見出すためには、データを収集し、分析することが必要です（課題①）

　また、コンビニエンス・ストア・チェーンには、多数の店舗があります。たとえば、株式会社ローソンは筆者が共同研究している当時、既存店舗数が約8700店舗あり、各店舗の延床面積は200〜300 m²程度だったため、店舗ごとのエネルギー管理者は不在でした。かといって、専門家がそれぞれの店舗を訪問してデータを収集し、解析するというやり方は、コスト対効果の観点から現実性に乏しいと思われました（課題②）。

第3章　ローカル・インテグレーターの先行実例　｜　73

（3）課題③：現場での手動対応は困難

　では、データを何とか集めて、分析して、目に見えない無駄が発見できたとして、その対応をどうすればよいかと考えると、そこにも課題があります。コンビニエンス・ストアの各店舗で働く人は、販売業務に多忙をきわめており、しかもその勤務形態も多様です。仮に、高い省エネルギー意識を持っていても、多忙な業務の合間に、たとえば、こまめな温度管理や照度設定など、省エネルギーのための対応を適宜適時かつ継続的に手動で行うことは容易ではありません（課題③）。

（4）課題④：状況・条件は場によって千差万別

　一般に、コンビニエンス・ストアの出入り口には風除け室はなく、自動ドアが開けば、そのまま外の冷気・暖気が流れ込んできます。そのため、来店者数は、空調のためのエネルギー使用量に大きな影響を与えます。また、ガラス張りの外装で日除けが設けられていませんので、日射による輻射熱がそのまま室内に入り、逃げにくくなっています。日照の有無・程度などの気象条件によっても、空調のためのエネルギー使用量は大きな影響を受けます。また、コンビニエンス・ストアには要冷蔵・要冷凍商品が陳列され、冷蔵・冷凍は使用エネルギーの中でも大きな割合を占めています。それだけに、冷蔵・冷凍商品の量や回転率によっても、使用エネルギーは大きく左右されます。

　日射による熱負荷、来店客によって外気が侵入する頻度や時間帯、冷蔵・冷凍商品の購入動向など、エネルギーの使用量を左右する要因の働き方は、立地によって差異が大きく、しかも始終変動しています。つまり、それぞれの場（店舗）ごとに、エネルギーの使用量に大きな影響を及ぼす状況・条件は千差万別です（課題④）。

（5）着想：ICT（情報通信技術）の助けを借りる

　以上、述べた課題①〜④を再度列挙します。

① データ収集・分析が必要

② 散在する多数の小規模店舗が対象

③ 適時継続の手動対応は困難

④ 各店舗の状況・条件は千差万別で始終変動

　これらの課題を解決するために、ICT（情報通信技術）の助けを借りていこうとする発想は当然のことながら生まれてきました。

　具体的には、各店舗各所に通信機能を備えたセンサーを設置して、エネルギー使用量およびその要因推定に結び付くデータを自動的に収集・分析し、個別の店舗（＝場）ごとに刻々変わる状況・条件に応じて機器を自動的に最適運転運用していく、という発想です。表3-1は、その発想を課題①～④に即して整理したものです。

表3-1　コンビニエンス・ストアにおけるエネルギー・マネジメント上の課題およびICT（情報技術）による解決方針（出典：馬郡文平「既存建物における省エネルギー・CO$_2$削減のためのリアルタイムモニタリング及び最適化制御に関する開発研究」東京大学博士論文（2013）表7.2-1を参考に作成）

NO	課題	ICT（情報技術）活用方針
①	データ収集・分析が必要	・エネルギー使用量データ、および室内温度など要因分析のための種々のデータを自動的に収集し蓄積する。 ・要因の影響をとらえるため、1分間隔の時間精度でデータを収集する。 ・機器付きのセンサーに加え、分析のために必要なセンサーを適切な位置に設置する。
②	散在する多数の小規模店舗が対象	・インターネットを活用してデータ収集し、店舗現場とは離れたところにいる専門家が、集約的にマネジメントする。 ・機械学習など人工知能技術を活用して「使いながら賢くなっていく」仕組みを構築・運用する。
③	適時継続の手動対応は困難	・ネットワークでつながったサーバーから、データ分析や機械学習などをもとにした指令を発し、機器を自動的に制御する。
④	各店舗の状況・条件は千差万別で始終変動	・個店ごとに変動する状況・条件をリアルタイムで把握し、個店ごとに最適運転制御していく。

第3章　ローカル・インテグレーターの先行実例　75

(6) ICTを活用したエネルギー・マネジメント・システムの概要

図3-1は、表3-1の発想を踏まえ、馬郡文平東京大学生産技術研究所特任講師らが、株式会社ローソンとの共同研究（2008年開始）で開発したエネルギー・マネジメント・システムの全体概念を表しています。

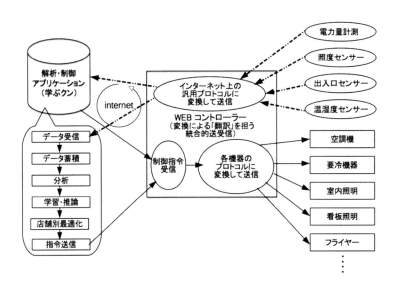

図3-1　コンビニエンス・ストアに導入されたICTを活用したエネルギー・マネジメント・システムの概念図

ここでは、コンビニエンス・ストアの各所に、電力量計測、照度センサー、出入口センサー、温湿度センサーが設置され、リアルタイムで、店舗内部の環境状況や、機器の作動状況がモニタリングされています（技術要素①）。センサーで収集されたモニタリング・データはインターネットを通じて送信され、解析・制御アプリケーションに入力されます（技術要素②）。解析・制御アプリケーションは、その場において、環境条件を維持しつつ、省エネルギーをするために最適な運転・運用モードを各店舗別に（場ごとに）自動的に推論し、その制御信号を発信します（技術

要素③)。この制御信号は、各機器が作動するように変換されたうえで、その運転運用が自動的に制御されています（技術要素④)。このようにして、店舗ごとに、機器が刻々変動する状況・条件に合わせて一場一様に作動するようになっています。

まとめると、図3-1に示したコンビニエンス・ストアに導入されたシステムは、次の四つの技術的要素を含んでいることになります。

① 状況認識のためのセンシング機能

② 収集データの変換・送信機能

③ データ蓄積・解析・制御指令発信機能

④ 指令変換・自動制御機能

表3-2 コンビニエンス・ストアに適用したシステムの技術要素（図3-1）とローカル・インテグレーターに包含すべき技術的機能（図2-11）との関係

コンビニエンス・ストアに適用した システムの技術要素（図3-1）	ローカル・インテグレーターに包含すべき 技術的機能（図2-11）
①状況認識のためのセンシング機能	a. モノ、場を自動識別する b. その場やそこにいる個々の人々の状況・条件（コンテクスト）を読み取る
②収集データの変換・送信機能	c. その場やそこにいる人々に関するデータを収集する（収集されたデータを変換したうえで送信する）
③データ蓄積・解析・制御指令発信機能	c. その場やそこにいる人々に関するデータを構造化し蓄積する d. データを解析する e. 解析結果をもとに、その場にあるモノを制御するための信号を送る
④指令変換・自動制御機能	e. その場にあるモノを制御するための信号を送る（信号の通信プロトコルを変換したうえで、各モノに指令を届け作動させる） f. 複数のアプリケーションから発せられるコマンドを整合する

これら四つの技術要素①〜④は、図2-11にあげたローカル・インテグレーターが包含すべき技術的機能a.〜f.と表3-2のように対応しているとみることができます。すなわち、コンビニエンス・ストアに導入したエネルギー・マネジメント・システムは、まさにローカル・インテグレーターの先行例なのです。

　では、これらの四つの技術要素がどのように働いているのか、以下に説明していきます。

（7）状況認識のためのセンシング機能（技術要素①）

　設置されたセンサーは、どの店舗におかれたモノ、センサーであるのかを識別しつつ、エネルギー使用量（電力使用量）や、温湿度、照度などの環境条件を計測し、送信しています。モノ、場を識別するとともに、その場の状況・条件を読み取るためのデータを収集しているわけです。

　ここで重要なことは、状況・条件を読み取るためには、機器付きのセンサーだけでは不十分で、新たに各種センサー群を設置する必要があったことです。

　コンビニエンス・ストアで、図3-1のような省エネルギーのためのローカル・インテグレーターを導入するのに先立って、各店舗、各設備の運転状況や各所の温湿度を計測して分析し、どこに目に見えない無駄が眠っているのかを推測しました。その結果、たとえば、飲み物などを設置した冷蔵機器まわりでは、次のような事象例があることがわかってきました。

①　空調機のセンサーよりも冷蔵ケースのセンサーのほうが感度が高いために、冷蔵ケースの中のみならず、要冷機器が店舗全体を冷やそうと稼働してしまっている。一方で、空調機がほとんど稼働していないため、店舗全体のエネルギーの使用効率を著しく損ねている（要冷機器は店舗全体を冷やすには小さすぎる。空調機は低負荷で運転すると、渋滞走行する自動車と同様にエネルギー使

用効率が低下する)。
② 要冷機器の下部に冷気がたまってしまい、冷蔵機器の中でも温度分布が均一ではない。
③ 外気温度に関係なく、冷蔵設定温度が年間を通じて一定に設定をされていて、冬期に外気温が低くなった場合、外気を要冷機器に活用できるにもかかわらず、その可能性が活かされない。

　従来のコンビニエンス・ストアでは、冷蔵ケースなど店内の個々の要冷機器や空調機は、それぞれに内蔵されたセンサーと組み込みシステムによって個々別々に運転制御されてきました。それが、上記のような事象を生んでいたのです。まさに、図2-8のように、「場としてのまとまり」もなく、バラバラに制御され、そのために目に見えないエネルギー使用上の無駄を生んでしまう状況だったのです。

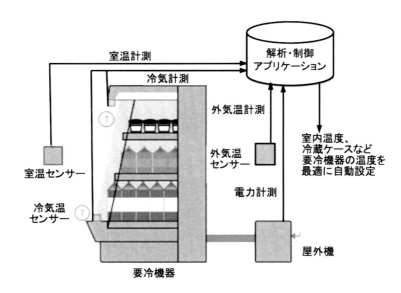

図3-2　コンビニエンス・ストアの要冷機器まわりの温度設定調整（出典：馬郡文平「既存建物における省エネルギー・CO_2削減のためのリアルタイムモニタリング及び最適化制御に関する開発研究」東京大学博士論文（2013）図6.2-12をもとに作成）

「場としてのまとまり」を実現するための第一歩は、機器付きのセンサーだけでは状況・条件は的確には読み解けないという認識のもとに、新たにセンサーを別置していくことでした。

　具体的には、図3-1の全体構想を下敷きにして、要冷機器まわりには、図3-2に示すようなシステムを組み込み運用しました。

　ここでは、冷蔵ケースまわりの冷気温、室温、外気温、および要冷機器の屋外機の使用電力量が計測され、これらのデータの解析をもとに、要冷機器の運転が制御されています。

　新たにセンサーを加えて設置し、冷蔵ケースまわりの冷気温の分布を測ることによって、要冷機器が冷えすぎていないか、また冷気分布が不均一でないか、という状況を把握できるようになりました。

　また、機器付きだけでなく、人が実際に活動する領域に温度センサーをおいて室温を計測することによって、体感温度がどういう状況であるかを推測できるようになっています。

　さらに、外気温を測定することによって、特に冬期に外気を導入して冷却に活用する状況であるかどうかを検分できるようになっています。

　加えて、要冷機器の室外機に電力計を設置することによって、その作動状況を把握できるようになり、室温データや外気温データをあわせて分析することにより、

・空調機と要冷機器とが、適切な役割分担をして作動しているのか
・外気温が低いときには、外気導入ができているのか

を検証できるようになっています。

　このように、コンビニエンス・ストア店舗のどこに目に見えない無駄が眠っているのか、専門家が対象の店舗を訪問し、調査・分析して仮説を構築したうえで、その仮説に沿って状況を認識するためのセンサー類が設置され、1分間間隔の時間精度で自動的にデータが収集されるよう

になりました（注2）。

　表3-3は、そのようなセンサーからのデータで、どのような自動制御がなされているのかを整理したものです。表3-3の左列にあげたセンサー類は、右列にあげた制御を行うための基礎となるデータを提供しています。

（注2）店舗の状況・条件に影響を与える諸要因を特定するには、主要因の変動を1分間間隔で観測する必要があります。

表3-3　コンビニエンス・ストアに設置したセンサー類およびそれに対応した制御方式（出典：馬郡文平「既存建物における省エネルギー・CO_2削減のためのリアルタイムモニタリング及び最適化制御に関する開発研究」東京大学博士論文（2013）表4.2をもとに作成）

	センサー類	対応制御
1	電力量計測	空調運転時間帯、室内温度設定のための参照情報として活用
2	屋内照度センサー	昼光利用照明制御
3	屋外照度センサー	看板点灯制御
4	出入口センサー	人の体感温度が維持されるように、空調運転を調整するための情報として活用
	室内温湿度センサー	空調換気発停制御
5	外気ファン運転信号	外調機の制御
6	コンプレッサー制御	要冷機器の制御
	各種要冷機器用温度センサー	
7	外気温湿度センサー	（さまざまな制御で共通利用）
8	フライヤーの発停	フライヤーの夜間 ON-OFF 制御

（8）収集データの変換・送信機能（技術要素②）

　図3-1に示すように、各センサーから送信されたデータは、各店舗に設置された統合的送受信機（関係者はWEBコントローラーと呼ぶ）でいったん受信し、ここでデータ変換されたうえで、解析・制御アプリケーションのおかれたサーバーに向けて、インターネットを介して送信されています。

なぜ、このような二段階の送信となったかといえば、センサーや空調機、冷蔵庫、冷凍庫など各機器がデータをやり取りするための通信規則（プロトコル）が標準化されていなかったことによります。

　たとえていえば、コンビニエンス・ストア内部のセンサーや機器というモノ同士がコミュニケーションしようとしても、その使っている「言葉」が異なるので、モノ同士の「おしゃべり」ができない問題が存在していたのです。モノ同士の接続性を脅かす重大な問題でした。

　そこで、各店舗に設置する統合的送受信機（WEBコントローラー）に「翻訳機」をおいて、モノ同士のコミュケーションを図ることにしました。具体的には、センサーから集まってきたデータは、インターネット上で汎用できるプロトコルに整合したデータに変換したうえで、解析・制御アプリケーションに送信するようになっています。加えて、技術要素④（図3-1）に関連し、受信したモノへの制御指令（動作・制御命令）は、各機器の組み込みシステムが作動するプロトコルに変換する役割をWEBコントローラーが果たすようにしました。

　このやり方は、次の第4章で述べる、生活用IoTにおける普遍的な接続性を保証する仕組みの先駆けとなるものでした。

（9）データ蓄積・解析・制御指令発信機能（技術要素③）

　図3-2においては、データ蓄積・解析・制御指令発信機能は、「学ぶクン」というニックネームが与えられた、解析・制御アプリケーションが担っています。「学ぶクン」は、センサーからのデータを受信して蓄積、分析、推論し、各店舗の各機器の最適な運転・運用モードを割り出し、機器の制御指令（動作・制御命令）を送信しています。まさに、このアプリケーションは、コンビニエンス・ストアの店舗ごとに一場一様の制御をしていくためのローカル・インテグレーターの中核になります。

　「学ぶクン」は、その場における最適な運転・運用モードを自動的に推論しますが、そのプログラムには、省エネルギー活動を展開してその効

果を分析・フィードバックし、推論のための工学的モデルを継続的に精緻化していくというアルゴリズムが含まれています。これは、ある種の機械学習のプロセスです。

具体的には、図3-3のようなアルゴリズムが組み入れられています。まず、店内外にある複数のセンサーから得られた店舗の利用状況、環境条件等の変化にかかわる測定データをもとに、その店舗でのエネルギー使用量を予測するモデルを仮説モデルとして設定します。この予測モデルをもとに各アクションの効果を見積もりつつ、省エネルギー・アクションを計画したうえで実施します。

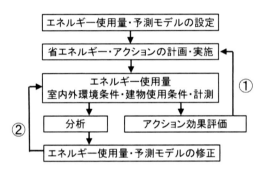

図3-3 解析・制御アプリケーション（学ぶクン）に設置された継続的な機械学習の仕組みの概念図

省エネルギー・アクションが実施された後のエネルギー使用量（および従前のエネルギー使用量との差分）、室内外の環境条件、建物の利用条件が、図3-3の仕組みを用いて計測されます。計測結果をもとに、省エネルギー・アクションの効果が評価され、これにもとづいて、アクションの計画が見直され改善されます（図中①のルート）。一方、モデルによる予測と実際のエネルギー使用量の差分が分析され、エネルギー使用量・

予測モデルの修正、精緻化がなされます（図中②のルート）。

　ここで、エネルギー使用量・予測モデルは、機器の能動的な制御の基礎になります。図3-1のローカル・インテグレーターが導入されたコンビニエンス・ストアの店舗では、エネルギー使用量・予測モデルを用いて、外部の天気予報データも参照しつつ、先手を打った制御が行われています。

　たとえば、過去の来店者の傾向や天気予報をもとに、夏の午後2時頃にどのくらいの空調負荷量のピークが発生するのかを予測します。そして、午後2時頃の実際の負荷上昇を受けて空調機の運転を増速する代わりに、午前11時くらいから、空調機を少しだけ増速して店内をそろりそろり予冷していきます。予冷していくほうが、いきなり増速するよりも、少ないエネルギー使用量で、ほぼ同じ室内環境を実現できます。

　このように、予測にもとづき、先んじて機器を自動制御していくやり方は、フィード・フォワード（feed forward）式制御、あるいは能動的制御ともいわれています。

　使いながら学び、エネルギー使用量・予測モデルを精緻化させていけば、こうした能動的制御の効果を高めていくことになります。

　このように、解析・制御アプリケーションは、機械学習機能を活用して自律的に進化しつつ、コンビニエンス・ストア各店舗の刻々変わる条件に合わせて一場一様の制御をする、ローカル・インテグレーター（場の統合的調整システム）として機能しています。

（10）指令変換・自動制御機能（技術要素④）

　図3-1に示すように、「学ぶクン」で割り出された、各場各時間での各機器の最適運転モードは、制御指令（動作・制御命令）として、各店舗におかれた統合的送受信機（WEBコントローラー）に送信されます。統合的送受信機は、各機器が作動するように、制御信号をそのプロトコルなどに合わせて「翻訳」し、各機器に送信しています。

　図3-4は、コンビニエンス・ストアに適用したローカル・インテグレー

ターによる省エネルギー・アクションの事例を表しています。

図3-4　コンビニエンス・ストアに適用したローカル・インテグレーターによる省エネルギー・アクション事例

　表3-4は、どのような機器の自動制御がなされているのか、その内容を示したものです。

　図3-4、表3-4に示すように、コンビニエンス・ストアで適用されたローカル・インテグレーターには、図3-2に示した要冷機器の自動制御をはじめ、センサーというモノと、機器というモノとが互いに「おしゃべり」しながら進められる、さまざまな自動制御の仕組みを包含しています。いい換えれば、ひとくちに解析・制御アプリケーション（学ぶクン）といっても、そこには複数種類のアプリケーション（特定の機器群に対する制御プログラム）が含まれています。ローカル・インテグレーターは、これらのアプリケーション同士の齟齬が起きないような調整も担っているのです。

　図3-1に示したコンビニエンス・ストア向けローカル・インテグレーターは、目に見えないエネルギー使用上の無駄をなくすことを目的に導入されました。表3-4に示すように、合計10〜15％程度の省エネルギーを達成することを目論んでいました。この目標は、状況・条件が千差万

第3章　ローカル・インテグレーターの先行実例　|　85

表3-4 解析・制御アプリケーション（学ぶクン）に含まれる複数種類の制御とエネルギー削減量の目安（出典：馬郡文平「既存建物における省エネルギー・CO_2削減のためのリアルタイムモニタリング及び最適化制御に関する開発研究」東京大学博士論文（2013）をもとに作成）

	対応制御	年間エネルギー削減量（目安）	備考
1	昼光利用が最大化できるように照度を維持しつつ、人工照明を自動制御	1〜3%	照明エネルギーの30％程度削減
2	サイン照明を自動制御	1〜2%	
3	店舗室内の最適温度を監視しつつ機器の運転・運用を自動制御／空調機器が最適に運転されるように自動制御	3〜5%	空調エネルギーの 20〜30％程度削減
4	外調機（外気ファン）制御	1〜3%	
5	要冷機器への外気利用	1〜5%	
6	冷やしすぎや、温度の不均一が出ないように要冷機器の運転を自動制御	5〜8%	冷蔵、冷凍制御
7	フライヤーの夜間 ON-OFF 制御	0.5%	
	合計	10〜15%	

別の各店舗で実際に達成できました。

（11）導入されたシステムはIoTそのもの

　図3-1、図3-2、表3-2、表3-3、表3-4に示したICT（情報通信技術）を活用したエネルギー・マネジメント・システムが、コンビニエンス・ストアに設置され始めたのは2009年頃です。この頃には、IoTという言葉はほとんど使われていませんでした。しかし、以上のように振り返ってみれば、このシステムでは、モノ（要冷機器、空調機器、センサーなど）を情報空間の中でつないで、あたかもモノとモノ同士がコミュニケーションをしているかのようにして、統合的なアプリケーションのもとでモノの作動を自動制御し、その働きを相互調整しています。それゆえ、繰り返しになりますが、このシステムは今日でいうIoTそのものです。

いい換えれば、その場その場ごとに、刻々多様な様相を見せる、気象条件、来店者数、商品の購入動向などの諸条件に対応して、一場一様の制御をしているローカル・インテグレーター（場での統合的調整システム）の先行事例ともいってもよいと思われます。

3-2　事例2：ゼロ・エミッションを目指す建築における導入例

(1) 背景・課題

　2011年5月、東京大学教養学部キャンパスに竣工した理想の教育棟（21KOMCEE）は、2030年までに年間の正味のエネルギー使用量がゼロになることを目指す、ゼロ・エミッション建築（ZEB：Zero Emission Building）です（図3-5）。この建物には、コンビニエンス・ストアで開発された、ローカル・インテグレーター（場での統合的機能調整）を発展させたシステムが応用されています。

図3-5　東京大学駒場キャンパスの理想の教育棟外観（ゼロ・エネルギー・ビル）——教育施設、ホール、カフェテリア。建築面積：942.48m^2、延床面積：4,477.76m^2。階数：地上5階、地下1階。竣工：2011年5月

　ゼロ・エミッションを実現するために、この建物には、表3-5に列挙するように、いろいろな要素技術が盛り込まれています。

表3-5　ゼロ・エミッション実現のため東京大学「理想の教育棟」に適用された要素技術

① 可動ルーバーを利用したダブルスキン外周壁
② 地中熱・地下水利用ヒートポンプ空調システム
③ 放射パネル暖冷房
④ 自然換気システム
⑤ LED照明システム
⑥ 太陽光発電パネル
⑦ 雨水利用を含む節水システム
⑧ ヒートポンプ排熱を利用したデシカント除湿システム
⑨ 躯体蓄熱システム

(2) 導入されたローカル・インテグレーターの概要

　図3-6は、このゼロ・エミッション建築に適用されたローカル・インテグレーター（場の機能の統合的調整システム）の概要を表しています。

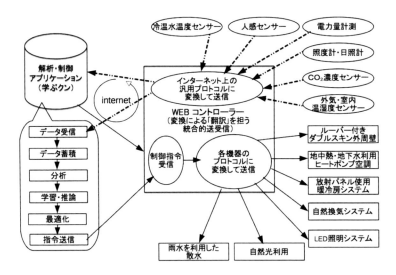

図3-6　「理想の教育棟」に適用されたローカル・インテグレーターの概念図

　ここでは、建物各所におかれたセンサーから収集されたデータを解析して、建築内の機器が協調的に制御されています。
　図3-6中の解析・制御アプリケーション（学ぶクン）によって、表3-5

に列挙した要素技術のうち、次の①〜⑦が制御対象となっています。

① 可動ルーバーを利用したダブルスキン外周壁
② 地中熱・地下水利用ヒートポンプ空調システム
③ 放射パネル暖冷房
④ 自然換気システム
⑤ LED照明システム
⑥ 太陽光発電パネル
⑦ 雨水利用を含む節水システム

　図3-6のローカル・インテグレーターの基本的な構成は、コンビニエンス・ストアに用いられたICTを利用した省エネルギー・マネジメント・システムと同じです。ただし、快適性を維持しつつ、省エネルギーを実現することを目標に、①〜⑦というたくさんのモノを協調的に制御していくため、複合的な論理が組み込まれています。それは、外部から購入する電力量を最小化するための次のような論理です。

① 個別機器を高効率に運転する（使用する単位エネルギーあたりで得られる冷却・加熱能力を最大化する）
② 再生可能エネルギーの利用を最大化する
③ 機器の運転時間を最小化する
④ 運用エネルギーを最小化する

　これらの論理を複合していくことは、同じ場に働く複数のアプリケーションを整合させることであり、ローカル・インテグレーターの重要な役割です。
　では、①〜④の論理を組み合わせて、具体的には、どのような複合的な制御をすることになったのか、可動ルーバーを利用したダブルスキン

第3章　ローカル・インテグレーターの先行実例　89

の外周壁構造に焦点をあてて説明します。

（3）可動ルーバーを利用したダブルスキン外周壁の概要

「理想の教育棟」の設計では、建築の床・壁・屋根・天井や機器などのハードウエアの設計と、それをどのように制御するのかというアプリケーションの設計が同時並行で進められました。

　ここで、ダブルスキン外周壁とは、図3-7のように、二層（二枚の皮）構造になっている外壁をいいます。二層の壁の間には空気層があり、外の峻烈な気候と、室内気候との間の緩衝帯を形成しています。

「理想の教育棟」のダブルスキン外周壁が特徴的なのは、二層の外側が図3-8のように可動式のルーバー（ガラリ戸）になっていることです。図3-7に示したように、日射を反射させたい（遮蔽したい）夏期には、ルーバーの白い面が外側に向けられるように回転します。一方、日射の熱を利用したい冬には、ルーバーの黒い面が外側に向けられるように回転します。また、自然の通風や採光を得たい場合は、図3-8の左端の写真のように、ルーバーは半回転で止まって、自然採光、自然通風できるようになっています。なお、ルーバーを閉じているときでも、建物中から外の眺望が得られるように、ルーバーには穴あきパネルが用いられています（注3）。

（注3）穴あき面積の比率については、このダブルスキン外周壁構法の開発者である信太洋行氏が工夫をしています。詳しくは下記を参照してください。
　信太洋行、野城智也、大岡龍三、馬郡文平、迫博司、安田大樹、石井久史. (2012). 41588 大学キャンパスにおけるゼロ・エネルギー・ビルディングの取り組み（その5）：可動ルーバーによる簡易ダブルスキンの開発とその断熱性の検証（ZEB (3)、環境工学 II、2012年度大会（東海）学術講演会・建築デザイン発表会). 日本建築学会学術講演梗概集、2012、1183-1184.

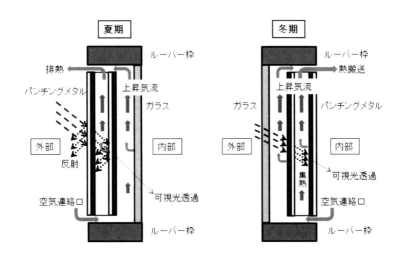

図3-7　理想の教育棟におけるダブルスキン外周壁・概念図

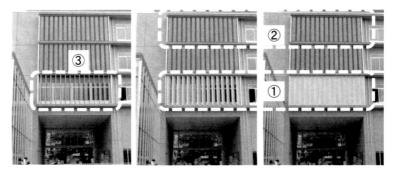

①夏期の直達日射の遮蔽　②冬期の日射熱利用最大化　③春秋の通風の確保

図3-8　理想の教育棟におけるダブルスキン外周壁のルーバーの開閉

(4) ダブルスキン外周壁の三モード

このダブルスキン外周壁は、室内外の条件に合わせて、図3-9に示すようにA、B、Cという三つのモードに設定されます。

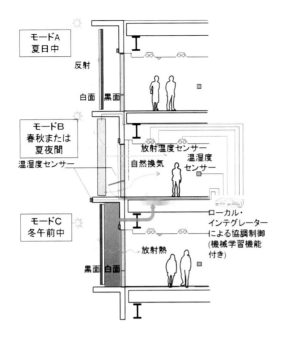

図3-9　ダブルスキン外周壁の三モード・概念図

①モードA

　主に夏期の日中に使用されるモードで、外部可動ルーバーの白色面を外部側に向けて、太陽の動きに追従させることにより、日射遮蔽を最大化させます。

②モードB

　主に春秋（中間期）に使用されるモードで、外部可動ルーバーと開閉窓を開くことによって自然換気を最大化し、より快適な空間作りに寄与します。また、夏期の夜間において外気温度が室内温度より低い場合は、自然換気装置を開くことによって建物の構造体を冷却します（こうした自然の冷却方法をナイトパージと呼びます）。構造体を冷やすことによって、床・壁からの輻射による冷涼感を得ることを目論んでいます。

③モードC

主に冬期の午前中（太陽高度が低い時間帯）に使用されるモードで、外部可動ルーバーの黒色面を外部側に向けて閉じることにより集熱し、その熱を上階の床に蓄熱し利用します。

日照センサーや、室内外の温度センサーなどからのデータをもとに、これらの三種類のモードが、解析・制御アプリケーション（学ぶクン）によって自動的にセットされるようになっています（ただし、自動的なセットを解除して、手動操作もできます）。

いずれにせよ、複数のモノを、複数の論理をもとに協調的に自動制御していくことによって、モードA～Cという異なるモードを運用しています。

(5) ダブルスキン外周壁・LED照明システムの協調制御

「理想の教育棟」に用いられる、ダブルスキン外周壁と、LED照明システムは、協調して制御されています。どのような論理を複合させることによって協調制御されているのかを、図3-10を用いて説明します。

ここで、ルーバーは次のような論理で動作します。

① 日射計により晴れ／曇りを判定する
② 曇りや雨の日には、ルーバーを開けて自然光を室内に取り込む
③ 夏期に晴天で室内に直射日光が入らない時間帯は、ルーバーを開ける
④ 冬期の室内暖房中は、図3-9のモードCのように、直射日光を積極的に取り込み、暖房エネルギーを削減する。また、日射が入らない時間帯は、室内から室外への熱の伝導を抑制するため遮蔽する

一方、LED照明システムは次のような論理で制御されます。

第3章　ローカル・インテグレーターの先行実例　93

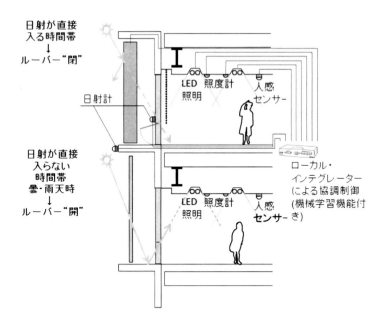

図3-10　ダブルスキン外周壁・LED照明システムの協調制御・概念図

① 人感センサーで人を感知したエリアの照明を点灯させる（不在時間帯は適宜消灯する）
② 放射空調時で、ルーバーが開放されているときは、自然光が最大になるように、太陽の方角に合わせてルーバー角度を調整する
③ 照度計のデータを収集し、必要十分な照度にLED照明を調光する（0～100％）

　これらの論理を用いることで、解析・制御アプリケーション（学ぶクン）は、内外環境の変化に応じてモノを制御して、昼光制御と自然換気、日射制御・断熱確保を図り、使用エネルギー量の最小化を図っています。

(6) 二種類の暖冷房システムの協調的制御

「理想の教育棟」では、二種類の暖冷房システムの協調的制御も行っています。放射パネルによる放射空調は、暖気冷気を吹き出す方式の空調に比べて室内の温度ムラがなく、優れた快適性が提供できます。さらに、「理想の教育棟」では、放射空調のための冷水、温水を地中熱・地下水利用ヒートポンプ空調システムで作っていますので、高いエネルギー使用効率も得られています。そのため、スタジオなどの暖冷房は、放射空調システムを主として用いています。

ただし、放射パネルの、放射面積と表面温度の設定幅との制限から空調能力には限界があります。また、授業の開始時などに、短時間に大人数が入室することによる急激な内部発熱の増加への追随性にも限界があります。

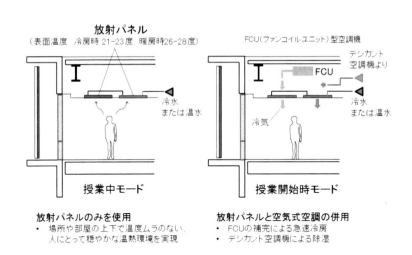

図3-11 地中熱・地下水利用ヒートポンプ空調システムによる放射パネル暖冷房と空気式空調との協調的制御

そこで、「理想の教育棟」では、図3-11のように空気搬送式の空調機（FCU：ファンコイルユニット）を設置し、在室人数が急に増えたときの

み、暖気冷気を吹き出す方式の空調機を稼働させるようにしました。図3-11に示す二つの稼働モードの切り替えも、解析・制御アプリケーション（学ぶクン）によって自動的に行われています。

(7) 複合制御の論理

このように、「理想の教育棟」に適用されたローカル・インテグレーターには、複数のモノの動作を協調的に制御する論理が組み込まれています。

たとえば、その複合制御の枠組みは、図3-12のように表せます。

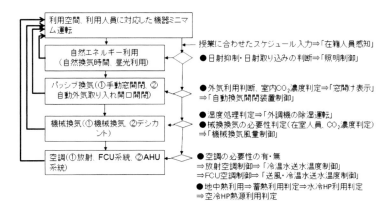

図3-12 「理想の教育棟」のローカル・インテグレーターに盛り込まれた複合制御の論理（FCU：ファンコイルユニット空調機、AHU：エアハンドリングユニット空調機、HP：ヒートポンプ）

図3-12には、センサーにより建物利用人員や在室状況を把握したうえで、それぞれの利用空間、利用人員に対応して室内環境を整えるための機器の運転を最小限にするための論理が含まれています。ここでは、自然換気、昼光利用の最大化、手動窓開閉、自動外気取り入れ開口開閉による自然換気利用の最大化を図ったうえで、除湿機能を持った機械換気を運転する論理も示されています。また、空調の必要性を判断したうえ

で、前述のように放射パネル暖冷房を優先的に稼働させ、空気搬送式の空調機の運転時間を最小にするようにしていく論理も含まれています。

(8) ローカル・インテグレーター導入の効果・発展性

　以上説明してきた、ローカル・インテグレーターを導入することにより、「理想の教育棟」では、東京大学の通常施設と比較して67％の省エネルギーを達成しています。さらに、ローカル・インテグレーターを活用することによって、使用エネルギーの継続的改善が図られており、この建物の年間のエネルギー収支をほぼゼロに近づけていくこと、すなわちゼロ・エミッション建築（ZEB）の実現も視野に入りつつあります。

　このように、建築設計時点で、その建物のハードウエアの設計と、解析・制御アプリケーションによる複合的・協調的制御の論理構築を並行して進めつつ、ローカル・インテグレーターの開発と導入を進めていく例は、IoTの普及とともに今後増えると思われます。

3-3　ローカル・インテグレーターの先行事例が示唆すること

　本章では、生活用IoTにおける、ローカル・インテグレーターの先行事例二例について説明しました。これらの先行事例は、今後ローカル・インテグレーターを成熟発展させていくには、次のようなことが重要であることを示唆しています。

①センサーの配置
a. モノに埋め込まれたセンサーの種類、数、配置だけでは、その場の状況・条件を把握するには不十分であることが少なからずある。
b. それだけに、「どこにどのようなセンサーを配置し、どのようなデータを集めて解析をすれば、その場（単位空間）の状況・条件を的確に把

握できるのか？」という問いに対して、的確な答えを導けるように知見を蓄積していかねばならない。

c. 上記の問いへの答えは、一場一様である。それぞれの場に足を運び、計測しつつ、どのような条件が卓越するのかを検討しつつ、仮説モデルを構築していくことも一法である。

②やりながら学んでいくこと

a. ローカル・インテグレーターは、ある状況・条件の変動、それに対するモノの作動・制御が、場の機能・性能や、「ひとまとまりの価値」の達成度合いにどのように影響するのかを継続的に評価することによって、その評価・予測精度を高めていかねばならない

b. 精度を高めていくプロセスは、試行錯誤のフィードバックを繰り返しつつ、やりながら学び（learning by doing）発見していくプロセスである。

c. 機械学習を含め、いわゆる人工知能技術を適用していく余地が大きい。

d. やりながらの学びが繰り返されることによって、予測をして先手を打って対策を講じていく、フィード・フォワード制御も可能になっていく。

③複合的制御

a. 同じ場の中で、目的・用途の異なる複数のアプリケーションが適用されることもある。

b. ローカル・インテグレーターには、こうした複数のアプリケーションの働きに齟齬を生じないように調整する役割も求められる。

c. そのためには、「理想の教育棟」への適用事例に示したように、複数のモノを対象にした、複数の制御論理を複合させて制御していくアルゴリズムを構築して運用し、継続的に改善していく必要がある。

d. そのアルゴリズムの運用・継続的改善をしていくためにも、適切なセンサーの配置、やりながら学んでいくことは重要である。

＜本章の参考文献＞

・馬郡文平、野城智也、藤井逸人他「AIコントロールを活用した小型複数店舗における統合的エネルギーマネジメントに関する研究─24時間小型店舗（コンビニエンスストア）の統合エネルギーマネジメント実証試験」日本建築学会建築生産シンポジウム論文集、巻：26th. 頁：133-138.

・馬郡文平、野城智也、藤井逸人他「センサー情報を活用した視える化によるエネルギー最適利用─24時間小型店舗（コンビニエンスストア）の統合エネルギーマネジメント実証試験（ユビキタス・センサネットワーク）」電子情報通信学会技術研究報告 111（54）、39-44、2011-05-20

第4章　普遍的な接続性を実現するためには

　第2章では、生活用IoTについては、どのようなモノとモノとが結び付くことになるのかを予見できない点を説明しました。それだけに、プログラムの言語が異なっても、プロトコルが異なっても、モノとモノとが「コミュニケーションできる」普遍的な接続性が求められています。

　第4章では、どうすれば普遍的な接続性が得られるのかについて説明していきます。

4-1　モノをつなぐための増分コストを考慮する必要性

　筆者らは、東京大学生産技術研究所で、機器メーカー、スマートフォンのアプリケーションを制作するベンチャー企業などを対象に、モノの組み合わせ、つなぎ方に関するテストベッドを提供し、モノを動かすアプリケーションの開発を促す活動を展開してきました。開発されたアプリケーションは、生産技術研究所での一般公開で、広く関係者やユーザーの方々に閲覧・試用してもらっています。また、そういった方々からフィードバックも受け、どのようなアプリケーションが求められているのかを探る活動もしてきました（注1）。

（注1）第1章では、IoTによるひとまとまりの価値の創造のためには、ユーザーやInterpretersを巻き込み、わいわいがやがやした環境の中から発想していくことが大事である、と述べました。こうした活動は、その先駆けであるといってもよいと思われます。

（1）寝返るたびに10秒間オンになる扇風機

　こうして開発されたアプリケーションの中で好評だったものに、"夏の夜に、暑苦しくて寝返りが増えると、自動的に扇風機が少しの間（イメージとしては10分程度）だけONになる"というアプリケーションがありました。これは、枕元においたスマートフォンに内蔵された加速度センサーが寝返りを感知し、その度合いが激しいときは、コンピューターに接続された赤外線リモコンによって扇風機をONする、という仕掛けです。この派生アプリケーションとして、扇風機の代わりに空調機をONする、ことも考えられます。

　このアプリケーションは、コンセプトを示すために制作したプロトタイプで、まだ、寝返り何回以上は暑苦しいと感じている、などの定量的なデータや分析をふまえたものではありません。第1章で紹介した、安眠サービス（ケース8）の簡易試作版といってよいかもしれません。

（2）扇風機をネットワークにつなぐためには

　このアプリケーションを実際の商品にしようとすれば、扇風機や空調機をネットワークにつないで、スマートフォンのセンサーと連動させる必要があります。

　既存の機器に新しい機能を追加する場合、一般的には追加的な設計・製造コストが必要になります。もちろん、その機能が広く普及した時代になり、販売数量も増大すれば、それに要した増分コストは相対的にきわめて小さいものになります。しかし、導入当初はそうはいきません。現在の扇風機はネットワークにつながりませんから、それをつながるようにするには設計から変える必要があります。

　本書が出版される前までは、扇風機や空調機をネットワークにつなぐために、日本ではエコーネットライト（ECHONET Lite）という通信規格のアダプターを買ってくることが定石であるとされています。

（3）増分コストと本体コストとのバランス

　エコーネットライトの通信規格のアダプターを買うことは、扇風機のメーカーからみれば増分コストが発生することになります。

　さて、ここで考えなければならない点があります。扇風機は、いくらぐらいの商品でしょうか。また、空調機はどうでしょうか。生活者なら多くの方が、前者は数千円程度、後者は十万円前後、と答えるでしょう。これらをネットワークにつなぐために必要な増分コストを、仮に1万円と考えてみましょう。数千円の扇風機をネットワークにつなぐ増分コストが1万円というのは、かなり無理がありそうです。もちろん、何万円もする扇風機もありますし、実際よく売れているようですから、絶対無理だ、というわけではないでしょう。ただ、寝苦しいときに自動でちょっと動作させるだけのために、扇風機がとても高価になってしまっては、おそらく購入する人は限られるでしょう。

　一方、空調機はどうでしょうか。本体10万円くらいの空調機が増分コスト1万円程度で、寝苦しいときに自動で動作してくれるなら、「まぁ、いいか」と考えるユーザーはかなりの数になりそうです（図4-1）。

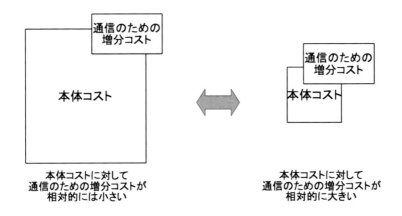

図4-1　モノの本体コストと通信のための増分コストとのバランス（概念図）

このように、IoTによる便益を私たち生活者が享受するには、モノによっては追加的増分コストが必要な場合があり、その許容値は、そのモノのもとの値段に大きく影響されることを認識する必要があります。

4-2　あらゆるモノをつなげるために統一すればよいのか？

　IoTを実現するには、コンピューターを含むモノと、他のモノとがネットワーク経由で"お話し"ができる必要があります。「通信プロトコル」とは、そのための決まりごとです。

（1）相手が決まっているならば統一されたプロトコルでもよい

　電話やテレビなどは、これが統一された（特に、電話などでは世界的に統一された）決まりごとで成り立っています。それは、電話と電話、テレビ局とテレビ受像機、という決まった相手とのみ、つながることが前提です。そのため、コスト的な対応の可否があらかじめわかりますし、世界中の電話と問題なくつながるようにするためには、統一するほうがユーザーの利便性はぐっと上がるからです。

（2）IoTでは統一したプロトコルでは無理が生じる

　しかし、IoTの場合はどうでしょうか。IoT、特に生活用IoTでは、普遍的な接続性、いい換えれば、ありとあらゆるモノが多対多（M：N）の関係でつながることが必要です。

　先の扇風機と空調機の例に示したように、ただ一つの統一された通信プロトコルにしてしまうと、たとえば、そのプロトコルを使用することによる増分コストは

・空調機では許容できる
・扇風機ではとても許容できずに無理だ

第4章　普遍的な接続性を実現するためには　103

となってしまう場合も出てきてしまいそうです。

　このように、通信プロトコルを統一する考え方にこだわってしまうと、かえって普遍的な接続性の妨げになり、IoTの早期実現を阻害する恐れがあると筆者は考えています。

　古くはビデオカセットの規格競争のように、規格は統一すべきもの、その統一規格を作った者が商売的な「うま味」を享受できる、という考えがありました。しかし、IoTについては、そういった考えに固執しないほうがよいと思われます。

4-3　普遍的接続性を実現するためのヒント

（1）プリンター・ドライバ方式が示唆すること

　では、どうしたらいいのでしょうか。

　実は、統一されていないのに、うまくつながっている例が私たちの身近にあります。それは、家庭で日常的に使用しているパソコンのプリンターです。パソコンとプリンターは、有線のUSBケーブルやWiFiと呼ぶ無線回線でつながっています。

　しかし、それだけではプリンターは動きません。私たちユーザーは、"プリンター・ドライバ"と呼ばれる各プリンター・メーカーが提供しているソフトウエアをダウンロードするなどし、パソコンにインストールします。これで、ようやくプリンターがパソコンから操作できます。

　プリンターは、いくつかのメーカーが製造・販売しています。そして、このプリンター・ドライバは、メーカーごとにバラバラな作られ方（注2）をしていて、特に統一仕様にはなっていません。しかし、ユーザーは、使っているワープロソフト（アプリケーション）で「印刷」の操作さえすれば、接続先のプリンターが異なっていても（＝異なるプリンター・ドライバを用いていても）、同じような印刷出力が得られるのです。ユーザーは不都合を感じることはありません。

104　　第4章　普遍的な接続性を実現するためには

筆者らは、IoTで普遍的な接続性を実現する通信の枠組みは、このプリンター・ドライバのような形であるべきだ、と考えています。

（注2）対照的に、ディスプレイ、キーボード、マウスなどのデバイス・ドライバは、オペレーティングシステムにあらかじめ組み込まれています。

（2）身の丈にあった通信プロトコルを許容するという発想

　先の扇風機と空調機の例で説明したように、モノの値段によって、ネットワークにつなぐための増分コストの負担感には、開きがあります。であるならば、それぞれのモノの増分コストの許容値に合った、いわばモノそれぞれの身の丈に合った通信プロトコルを使用すれば、それでいいではないか、と考えるほうが、通信プロトコルを何が何でもそろえるという考え方よりも、現実的なのではないでしょうか。

　それは、異なるプリンターでもプリンター・ドライバを介してつながるのと同様に、異なる通信プロトコルでもつながるようにする、という考え方です。

（3）「川上から川下まで一貫」という垂直統合の発想から脱却を

　そもそも、統一規格を作った者が商売的なうま味を享受できる、という考え方は、もしかすると過去の話かもしれません。

　本題からは少しそれますが、日本の高精細テレビジョンの規格であるハイビジョン規格を採用した国があります。しかしながら、その国では、日本のテレビ受像機メーカーの機器は、トップシェアではないのです。昔のように製造会社が規格策定に関わり、設計し、製造するという垂直統合的構造を持っていれば、いまだに規格を握るものが強いというケースもあるでしょう。

　しかしながら、現在は、EMS（電子機器の受託生産サービス）に象徴されるように、製造業では国際的な水平分割構造が進みつつあります。

規格だけ握っていても、安くてよいものをすばやく大量に作れる（かつての日本企業はまさしくそうだったのですが）企業に負けてしまう時代なのです。

4-4　Web-APIで普遍的につなげる

（1）Thingsドライバ

さて、話を本題に戻しましょう。IoTにおける普遍的な接続性を実現するためには、

・あたかもプリンター・ドライバのように、モノとアプリケーションとの仲立ちをする手段が必要なこと
・その手段は、モノとパッケージで供給されるべきこと

を先に述べました。

その仲立ち手段を、ここでは、「Things（モノ）ドライバ」と呼びましょう。大事なことは、たとえ通信プロトコルが異なるモノであっても、モノとアプリケーションとの仲立ちをする「Thingsドライバ」は、モノを同じように動作させられるということです。

すなわち、電動雨戸があるとして、A社の電動雨戸がある家でも、B社の電動雨戸の家でも、同じアプリケーションで動作させられなければ、普遍的な接続性とはいえません。「Thingsドライバ」がこの要件を満たさない限り、事前には想定できなかったような種類・メーカーのモノとモノとがつながる必要のある生活用IoTの世界では、モノは商品として流通できません。

（2）インターネット上にハブを置く

必要に応じて一つのパソコンに異なるプリンター・ドライバをインス

106　　第4章　普遍的な接続性を実現するためには

トールすることを、私たちはある程度当然と考えています。しかし、IoTによって、種々のモノを動作させて多様な便益を実現するアプリケーションは、現時点ではスマートフォンやタブレットPCなど、さまざまなユーザー・インターフェースの道具にインストールされると想定されます。道具ごとに、またモノごとに、「Thingsドライバ」をいちいちインストールするというのでは、あまりに煩雑です。

　情報の世界では、多対多（M：N）の事象をつなぐ際には、多対一、一対多という関係を作り上げて、いい換えれば、中間的なハブを設けてつなぐという発想があります（図4-2）。

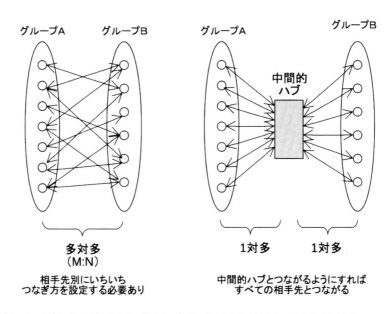

図4-2　多対多（M：N）事象のつなぎ方、中間ハブを介した1対多のつなぎ方（概念図）

　現時点において、私たちにとってパソコンは、ワープロ、プレゼンテーション、集計のためのアプリケーションを用いる際の中心的存在です。ですから、図4-2での中心的なハブになり得ますし、そこにプリンター・

ドライバを位置付けることに違和感を覚えません。

　しかし、IoTにとっては、このような多対多（M：N）のつなぎのハブになるようなモノの存在を見出すことができません。であるとすれば、アプリケーションとモノの仲立ちをするハブをインターネットの中の仮想的存在に設置すればよい、という発想に至ります。

（3）Web-API

　そこで、東京大学生産技術研究所では、民間企業との生活用IoTの共同研究の過程で構築したテストベッドにおいて、インターネットの中の仮想的存在を設定し、そこに「Thingsドライバ」を置くことにしました。

　こうすれば、スマートフォンの中のアプリケーションは、インターネットにいったんモノを操作するコマンドを送り、モノに紐付いたインターネット中の仮想的な存在である「Thingドライバ」がそのコマンドを受けることにより、実際のモノを的確に動かせます（図4-3）。

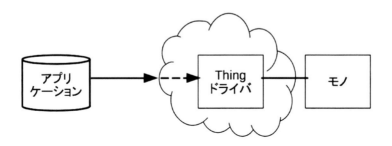

図4-3　アプリケーションから「Thingドライバ」にコマンドを送り、実際のモノを動かす

　アプリケーションからは、このような情報処理のプロセスは一般的なWebと同じに見えているので、その仕組みはWeb-APIと呼ばれています。ここでAPIとは、「Application Programming Interface」の略で、外部の他のプログラムから呼び出して、プログラムの機能や管理するデー

タを利用するための、手順やデータ形式などを定めた規約のことを指します。

4-5　Web-API方式の構成・役割・意義

(1) Web-APIは仲立ち役

このWeb-APIは、第2章、第3章で述べたローカル・インテグレーター（場での統合調整システム）ではありません。ローカル・インテグレーターは、あくまでもアプリケーション（各アプリケーションの働きを調整するアプリケーションまたはその集合体）です。これに対してWeb-APIは、アプリケーションがモノを動作させるための仲立ちをしているインターフェースにすぎません。

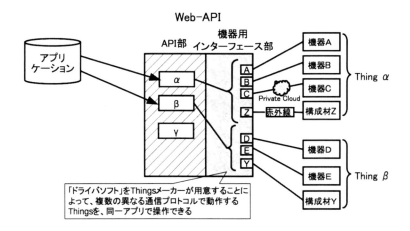

図4-4　Web-APIによって、複数の通信プロトコルを使用可能とするIoTマクロ構造参照モデル・概念図（通称：プリンター・ドライバモデル））

図4-4に示すように、このWeb-APIは、二つのブロックに分けることができます。

（2）ブロック1：API部

　一つは、アプリケーションと向かい合っているAPI（アプリケーション・プログラミング・インターフェース）部です。ここは、インターネットの世界でごくごく一般的に使用されるHTTPやJSONという通信プロトコルやデータ交換フォーマットの文法に従って動くので、これらに慣れた人なら、Thingsに特化した特殊な通信プロトコルを勉強しないでもモノを動かせます。

　このことはかなり重要です。というのは、このアプリケーションを作れば買ってくれる人が必ずいるという、いわばビジネス上のエコシステムが確立している世界ならいざ知らず、現時点でのIoTでは、買ってくれる人がいるのかどうかすらわからないからです。そのような状態では、特殊な通信プロトコルを、わざわざ勉強してまで使用してくれるアプリケーション制作者は、ほとんどいないと考えるほうがよいのです。

　もし、それでも特殊なプロトコルでなければつなげないことにこだわると、結局はアプリケーションが豊富になりません。したがって、それに対応するモノも出てきません。モノの多様性がないので、アプリケーションが豊富にならないのです。これでは「ひとまとまりの価値」は実現せず、IoTがもたらしてくれる果実が得られない、という悪循環に陥る恐れがあります。

　このいわば負の連鎖を断ち切るコツの一つが、"普段使い慣れている通信プロトコルを使用し、そのままIoTの世界に多種多様なベンダーが参入できる環境を提供する"ことである、と筆者は考えています。

（3）ブロック2：機器インターフェース（I/F）部

　Web-APIのもう一つのブロックは、機器インターフェース（I/F）部です。ここに、先ほどから述べている「Thingsドライバ」が搭載されます。

　家電に特化したエコーネットライトで記述された「Thingsドライバ」も、輸入品の独自の「Thingsドライバ」も、ここに並べれば、それぞれ

のモノの身の丈に合った通信プロトコルを円滑に使用できます。

　なお、一部のメーカーは、自社製品を自社のクラウド（ここでは、これをプライベート・クラウドと呼びます）に接続するという前提でさまざまな動作を提供しています（注3）。この場合でも、すでに一部のメーカーが行っているように、プライベート・クラウドのAPIを接続者に対して開放し、さらにそれに合った「Thingsドライバ」を提供してもらえれば、このプライベート・クラウドはモノの一つと同様に扱えます。

（注3）クラウド・プロバイダーなどが提供するパブリック・クラウドの場合、障害が発生した場合は、ユーザー側では何もできず、クラウド・プロバイダーによる障害復旧を待つのみ、という状況に立ち至る可能性があります。こうした状況が生じることを好まないメーカーが、プライベート・クラウドを用いているとも想像されます。

（4）日常生活の場では、さまざまなメーカーのモノが共存する

　多くのメーカーは、身のまわりのモノすべてを、自社が製造する商品で席捲する、という目標を持ってビジネス展開しています。

　筆者は、もちろんこれを否定しません。しかしながら、日常生活の場など身のまわりにあるモノすべてを供給しているメーカーは、現実にはこの世に存在していません。あらゆるモノが多対多（M：N）でつながるというIoTの世界を一社で創り上げるのは、土台無理な話です。

　それを補うもう一つのスタイルは、多数の企業からなるアライアンスを組織して、多様なモノを提供する企業群を構成し、一つのクラウドの配下にすべてのモノを並べるという考えです。当然のことながら、モノを作る企業の立場では、どのアライアンスが勝ち馬になるのかを見きわめ、どのアライアンスのメンバーになるのかを決めることは、実に難しい判断になります。

　アライアンスでいっしょに組んだ企業のパフォーマンスが自社の命運にもかかわることになれば、経営戦略の入り口検討で時間がかかってし

第4章　普遍的な接続性を実現するためには　　111

まうこともあるでしょう。このようなリスクをとる企業がどれだけある
のかを考えると、アライアンスを組んで、すべてを覆うというスタイル
も、IoTの早期実現にはあまり役立ちそうにありません。

（5）Web-API方式の役割・意義

　むしろ企業から見ても、その時点・その場での、状況・条件に照らし合
わせて、最も優れたモノと自社のモノとをつなげることを指向するほう
が、リスクを負わなくてすみます。いい換えれば、企業側が大きなリス
クを背負うことなく、ユーザーから見た「ひとまとまりの価値」を、そ
の場その場での成り行きに応じて、融通無碍に提供していくには、いか
ようにでもモノとモノとをつなぐことができ、しかも誰でも使えるオー
プンな仕組みを構築していくしかありません。

　ここで述べたWeb-API方式は、まさにモノとモノとの間の普遍的な
接続性（connectivity）や相互運用可能性（interoperability）を保証する
オープンな仕組みだといえます。

第5章 生活用IoTの発展普及のための技術的事項

　本書前半の第1章から第4章までは、生活用IoTのあらましや可能性について説明し、モノ同士の普遍的な接続性と、場としてのまとまりが特に重要であることを述べてきました。

　本書の後半の第5章から第8章では、生活用IoTを発展普及させていくにはどうしたらよいかを考えていきます。

　表5-1は、各章で扱う内容を表しています。第5章では技術的側面から、また第6章では組織的側面から、生活用IoTの発展普及を促すことがらについて説明していきます。一方、第7章では技術的側面から、第8章では組織的側面から、生活用IoTの発展普及を妨げることがらについて、いい換えれば、発展普及のために解決すべき課題について説明していきます。

表5-1　生活用IoTの促進要因・阻害要因と後半章の構成

	発展普及を促すことがら	発展普及を妨げることがら （解決すべき課題）
技術的な ことがら	・技術的シーズの拡がり ・製品設計思想のパラダイム転換 （以上、第5章）	・外的脅威問題：アプリケーションの不都合なつながり方が、生活者にとっての外的脅威を生む問題 ・世代管理問題：モノとソフトウエアの更新速度の相違が、生活者にとっての不都合を生む問題 （以上、第7章）
組織的な ことがら	・多岐多様な「役者」のそろったチームによる新たなつながりの形成 ・プロトタイピングを通じた創発 （以上、第6章）	・役割・責任、連携にかかわるビジョンの未成熟が生む「負のスパイラル」 ・新規の組織・つながりを実現するための起業活動の低調さ （以上、第8章）

　第5章では、IoTを発展普及させる技術的なことがらを説明していきま

す。5-1では、生活用IoTを発展普及させる基礎となる技術的シーズ（技術の種）が日々生まれ、発展していることを概観します。5-2では、IoTの進展が、モノの設計思想に関する基本的な考え（パラダイム）を転換させていくこと、そしてその転換が、生活用IoTの発展普及を促すことを説明していきます。

5-1　生活用IoTに関する技術シーズの拡がり

生活用IoTの発展普及を支え、促進する基礎になる技術のシーズ（技術の種）は、本書執筆の時点でも大いに充実していますし、現在進行形で急速に進歩しています。

いま進行している、情報通信技術にかかわるエッジコンピューティング（注1）、フォグコンピューティング（注2）などの技術革新は、IoTの普及促進には不可欠です。加えて、モノ（Things）に関連する、次のような技術的シーズの拡がりが、生活用IoTの発展普及を後押ししていくと考えられます。

① 　センサーの高性能化・低廉化
② 　各種ユーザー・インターフェースの発展
③ 　データ解析能力の向上

以下、これらの技術シーズがどのような機会を創出しようとしているのかを説明していきます。

（注1）エッジコンピューティングとは、情報処理をユーザーの近くにあるサーバーに分散させることで通信遅延を短縮させる技術を指します。組み込みシステムやスマートフォンで行っていた情報処理よりも高速な情報処理が可能になるとされ、リアルタイムなサービスや、いわゆるビッグデータの処理にも効果を発揮するといわれています。
（注2）フォグコンピューティングとは、センサーなどのデバイスから吸い上げられるビッ

グデータがクラウド・コンピューターに集中し、データ処理が追いつかなくなってしまう不具合を避けるため、クラウドとデバイスの間にフォグ（霧）と呼ぶ分散処理環境を置くことで、大量のデータを事前にさばき、クラウドへの一極集中を防ぐ方法です。

5-2　技術シーズ1：センサーの高性能化・低廉化

　生活用IoTでよりよい「ひとまとまりの価値」を実現していくためには、人やモノの働きや、取り巻く環境の状況をできる限り精確に認識することが不可欠です。センサーが発達し、質の高い多岐多様なデータが大量に取得できればできるほど、状況認識の内容は充実し、その精度は高まっていきます。

（1）MEMS（微小電気機械システム）の発展
　近年、マイクロメカトロニクスとも呼ばれるMEMS（Micro Electro Mechanical Systems：微小電気機械システム）にかかわる技術が長足の発展を遂げました。その結果、マイクロマシン（ミクロンスケールの非常に小さな機械）が続々と開発され、私たちの生活に入り込んできています。

　私たちが慣れ親しんでいるスマートフォンは、マイクロマシンの塊といっても過言ではないでしょう。そこには種々のセンサーも含まれます。スマートフォンで、文字の表示の縦横が自動的に変わるのは、内蔵されている加速度センサーの働きによります。加速度計はばねと錘を内蔵し、変位を検知計測する機構を備えています。これは、ばね定数kと錘の質量mが既知の場合、錘の変位xを計測すれば加速度が計算できる、というニュートンの運動方程式とフックの法則とを利用するための機構です。MEMSは、その機構を超小型化させたマイクロマシンで実現しています。シリコン製の小さな錘がシリコン製の「バネ」で吊られているマイクロマシンを作り、外から力が加わった際の錘の変位（相対的な位置のずれ）

を検出して加速度を計測しています（注3）。

　このようにして作られた微少な加速度センサー（重力センサー）は、スマートフォンだけでなく、自動車が衝突したときに開くエアバッグの制御や、ゲーム機のコントローラーなど、実に幅広い分野で使われています。重要なことは、マイクロマシンによる加速度センサーは、その機能が日進月歩で進歩している点です。それは、検知・計測の精度だけでなく、そのマイクロマシンからデータを発信する所用電力の節減にも及んでいます。いままでは、加速度センサーの稼働にはバッテリーが必要で、長期間使うとすれば、そのバッテリーの交換が問題になっていました。しかし、東京大学生産技術研究所の年吉洋教授によれば、バッテリーを搭載しなくても機能し続ける加速度センサーの実用化も射程に入っているとのことです。加速度センサーは数多く使われているので、大量生産され、価格も大幅に低廉化しています。将来は、導入コストやバッテリー切れを心配することなく、私たちの身のまわりのあらゆるモノに加速度センサーが設置されることも現実化すると考えられます。

（注3）フックの法則を用いると、錘の変位から外から加わった力（F）が求まります。錘の質量（m）が既知であれば、ニュートン方程式（F＝ma）を用いると、加速度（a）を計算することができます。

（2）身のまわりにセンサーがあふれ始める

　この加速度センサーの例のように、MEMSなどの急速な進歩によって、センサーは格段に機能進化し、ダウンサイジングや低廉化により使い勝手も格段によくなってきています。ふと見渡すと、私たちの身のまわりには、たとえば、次のようなセンサーが使われて環境をモニターし、データを発信しています。

　・温度センサー

116　　第5章　生活用IoTの発展普及のための技術的事項

・湿度センサー

・圧力センサー

・加速度センサー

・ジャイロセンサー

・測距センサー

・ガスセンサー

・音響センサー

・照度センサー

・イメージセンサー

また、

・人感センサー

・離床センサー

など、人の行動をモニターするセンサーも現れています。加えて、身体状況をモニターするさまざまな生体センサーも世に続々出てきています。たとえば、通信機能を持った下記のようなセンサーが市販されています。

・非接触で、脈、呼吸、身体の動きを推測する生体センサー

・胸部に貼付または装着して、心電図、心拍数、心拍ゆらぎ、呼吸状態、体表温度、3軸加速度を計測するセンサー

　以上のような各種センサーの高機能化、小型化、低廉化は、IoTの発展普及を後押ししていくことになります。

（3）センサーの開発と生活用IoTとの相乗的発展普及

　逆に、IoTで実現しようとする「ひとまとまりの価値」に応じて必要

な状況把握をするために、たとえば温度センサーとタイマーを内蔵した食品管理用センサーなど、用途に即して複数種類のセンサーをパッケージ化したセンサーも開発され、その使用が始まっています。

図5-1の概念図に示すように、センサーの開発がひとまとまりの価値の構想（concept）作りを刺激し、生活用IoTを促進します。それとともに、ひとまとまりの価値の構想の具体化や拡がりが、その構想の実現可能性の検証（概念検証：Proof of Concepts）を促すことで、センサーの開発を誘発していきます。いい換えれば、センサーの開発と生活用IoTとは、相乗的に発展普及していくことが期待されます。

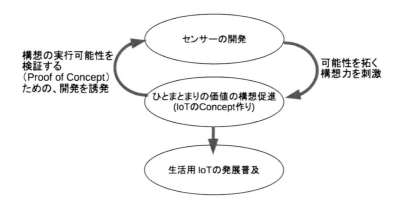

図5-1　センサーの開発と生活用IoTの相乗的な発展普及（概念図）

（4）データ収集能力を持ったモノの普及

センサーの発展が、データ収集能力を内蔵したモノを増やしています。こうした傾向は以前から始まっていました。いまから10年ほど前、住宅設備機器メーカーと、大手住宅メーカーがインテリジェンストイレという商品を共同開発し、発売しました。これは、尿糖値、血圧、体脂肪、体重を自動的に計測、集計、分析する機能の付いたトイレでした。

また、やはり10年前、大手住宅の実験住宅でベッドメーカーが、特に

測定器具を付けることなく、寝るだけで、心拍数、呼吸数などを自動計測するベッドを展示していました。

目を転じると、私たちの住宅が警備サービスに加入すれば、玄関や窓の開閉や、在宅の有無などのデータが計測されていきます。また、電力会社、ガス会社は、私たちの住宅のエネルギー使用状況を計測し続けています。

さらに私たちが、住宅の中や日常生活で使っている、いろいろなモノの組み込みシステムには使用履歴データが蓄積されていますし、あるモノは情報を発信し続けています。

また、遅々としておりますが、住宅を対象にHEMS（Home Energy Management System）が普及しようとしています。HEMSを導入した住宅の機器の作動状態や使用履歴に関するデータは、ネットワークを介してデータベースに蓄積されていきます。

加えて、スマートフォンにアプリケーションをダウンロードして万歩計に用いたりしていれば、その行動履歴が貯まっていくように、スマートフォンのアプリケーションは、前記の加速度センサーなどを活用し、私たちの状況の一断面を計測し続けています。

以上のように、ふと気づくと、住まいや私たちの日常生活の場などの身のまわりには、さまざまな形でデータが蓄積されつつあります。

IoTが本格的に導入される以前の現時点ですら、私たちのまわりには、データ収集能力を持ったモノが充ち満ちているといえるでしょう。

これらのデータをつなぎ合わせられれば、さまざまな「ひとまとまりの価値」を創成していけます。私たちの身のまわりが（好むと好まざるとにかかわらず）データで充ち満ちていることは、生活用IoTの発展推進に向けて有利な状況をもたらしているのです。

第5章　生活用IoTの発展普及のための技術的事項　｜　119

5-3 技術シーズ2：各種ユーザー・インターフェース発展

（1）面倒なインターフェースは勘弁

　筆者は老境に入りつつあり、家のテレビ＋ビデオのリモート・コントローラーの操作に苦痛を感じ始めています。多くのボタンがあり、いったいどのボタンを押して、操作のどの階層の深部に入っていけば、テレビを付けたり、チャンネルを変更したり、録画したりできるのか……。いつも戸惑い、誤操作を繰り返してしまいます。筆者が特別飲み込みの悪い人間である点を割り引いたとしても、一般の方々にも、決して単純とはいえないコントローラーにストレスを感じている人は少なからずおられると想像されます。リモート・コントローラーは、人工物であるテレビ＋ビデオに人間の意志を伝えるユーザー・インターフェースです。このユーザー・インターフェースを使いこなせないと、その対象の人工物は思い通りに働いてくれません。

　IoTも例外ではありません。ユーザー・インターフェースを介して、モノの機能連携体（図1-4）に人間の意志や状況を伝えられないと、IoTは思うように機能してくれません。しかし、ユーザー・インターフェースの操作が複雑であったり、IoTを意図したように動かせなかったり、誤作動させてしまったりすれば、人にストレスを与えてしまいます。

　特に、生活用IoTは、住まいをはじめとする日常生活の場が、適用対象となります。人は、24時間の暮らしを通して常に明晰であるわけではなく、もうろうとしていたり、別のことを考えていたり、感情が昂っていたり、泥酔していたり、身体や心理の面にはいろいろな波があります。テレビ＋ビデオのコントローラーのように、アプリケーション・プログラムのロジックがそのまま表現されたインターフェースを使いこなすには、五感も論理能力もそれ相応に高度に働いている必要があります。これでは用途が限られてしまいます。人がいかなる状態・状況であっても、人の意志や状況を伝えられるユーザー・インターフェースが用意される

ことで、生活用IoTは大いに発展普及していくといえます。

（2）ユーザー・インターフェースとしてのスマートフォン

　近年IoTに活用できるユーザー・インターフェースが、続々と開発され、使われ始めています。

　スマートフォンが登場した2007年頃以降、画面にタッチするインターフェースが全盛になりました。スマートフォンの画面そのものは決して大きなものではありませんが、画面全体をスクロールしたり、画面表示を自由に変えたりする仮想的なボタンやつまみを用意することで、物理的な制約から解放されたユーザー・インターフェースとなりました。

　スマートフォンに集約してアプリケーションを用意しておけば、IoTでつながるそれぞれのモノには、ボタンや表示盤などをいちいち設けなくてよくなったのです。センサーが拾ってくる状態・状況を見ながら、「スマートフォンでおうちの中のIoTを動かす」という近未来像にそれなりの現実性があるように思われます。

（3）多様なインターフェースの発展

　加えて、MicrosoftのXboxや任天堂のゲーム機Wiiリモコンのように、空間動作で情報を入力する方式や、デバイスそのものを動かして操作する方式などによるユーザー・インターフェースも発展しつつあります。近い将来、パネルにタッチする方式のユーザー・インターフェースは過去のモノになるかもしれません。

　また、ウェアラブル・コンピューター、すなわち身体に装着する小型コンピューターは、1990年代から研究開発され、使用されてきました。Apple Watchに象徴されるように、近年は腕や腰に巻くなどのウェアラブル・インターフェース（身体に装着したインターフェース）として発展してきています。それは、情報にアクセスし情報を入力する、ある種のモバイル・コンピューティングの道具としての役割をはたすだけでな

第5章　生活用IoTの発展普及のための技術的事項　　121

く、人の行動・身体状況や周辺環境の状態を伝える役割を担っています。

　さらに、自動清掃機など、住まいの中の移動体には、画像センサー、音響センサーなど、種々のセンサーが埋め込まれており、将来的には、ユーザーやその場の状況を伝えるインターフェースとして活用されていく可能性が大です。

(4) ゼロ・ユーザー・インターフェース（Zero UI）という考え方

　こうなると、ユーザー・インターフェースは、ボタンやスクリーン画面という明示的な存在から、目に見えにくい存在へと移行していくことになります。こういう流れの中で出てきた考え方が、ゼロ・ユーザー・インターフェース（Zero UI）です。これはデザイン会社Fjord社のアンディ・グッドマン（Andy Goodman）氏が述べている考えです。Fjord社ホームページ（注4）によれば、Zero UIは、「私たちの動作、声、瞬き、またはその思考さえも、そのすべてが、身のまわりの環境を通じた私たちへの何らかの対応を引き起こすというパラダイム」です。そして、「究極には、Zero UIは、スクリーンもない、見えないインターフェースで、私たちが他者と会話をするかのように、日常の自然の動作が人と情報世界とのインタラクションを起こすことを意味する」とも述べています。

　確かに、近年のユーザー・インターフェース技術の発展の趨勢を見てみると、Zero UIに向けた大きな流れが起きていると感じざるを得ません。

（注4）http://bit.ly/2lqFhEQ

(5) 音声認識の重要性

　こうした流れを考慮すると、生活用IoTにとって、音声認識の発展はきわめて重要であるように思われます。タッチパネルをいちいち見なくても、また目をつむってごろごろしていても、モノのインターネットに

対して意思表示ができる、というのは魅力的です。

　近年は、音声認識のデバイスが長足の進歩を遂げています。人が発する言語を理解するコンピューターの能力が高まっているだけでなく、人を識別したり、人が発する音声情報から状況を推測したりできるユーザー・インターフェースとなろうとしています。Amazon社の声やウィンクで操作するデバイスEchoは、その一例といえるでしょう。

　生活用IoTにとって、音声認識をするデバイスは、画像認識デバイスとともに、まさにZero UIを担う有力なデバイスになっていくと考えられます。

(6) ユーザー・インターフェースの開発と生活用IoTとの相乗的発展普及

　図5-2は、ユーザー・インターフェースの開発と生活用IoTとの関係を概念的に示しています。センサーと同様に、ユーザー・インターフェースの開発と生活用IoTとの発展普及は相乗的に進んでいきます。

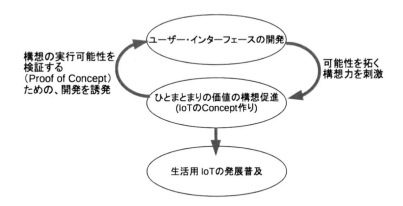

図5-2　ユーザー・インターフェースの開発と生活用IoTとの相乗的な発展普及（概念図）

　さまざまなユーザー・インターフェースが開発されると、人々の感覚

に立てばZero UIといえるほどに、ストレスを感じず、滑らかにモノのインターネットに自らの意志や状態・状況を伝えられるようになります。また、いちいち画面やボタンを操作しなくても、必要なお知らせをしてくれるようになります。こうした、使い勝手の向上や機能の広範化・高度化は、イマジネーションを大いに刺激し、種々の「ひとまとまりの価値」の構想を生み出し、生活用IoTの発展普及を押し進めていく原動力になるはずです。

　一方、実現したい「ひとまとまりの価値」の構想や、その構想の概念実証（PoC）の機会は、ユーザー・インターフェースにいろいろな機能を要求してくるようになります。そのことが、新たな様態のユーザー・インターフェースやその新機能を生み出していく契機になるでしょう。このように、ユーザー・インターフェースの開発と生活用IoTの発展とは、両輪のように動いていくと考えられます。

　各種ユーザー・インターフェースの発展は、筆者のような老境の者も含め、幅広い層の人々が、ストレスなく、IoTと意思疎通できる道を拓き、その発展普及の大きな原動力となっていくでしょう。

5-4　技術シーズ3：データ解析能力の向上

（1）状況認識分析→制御論理の構築→制御結果解析プロセスを支える

　前述のセンサーやユーザー・インターフェースの長足の発展と普及とは、質の高い多岐多様なデータの大量取得を可能にしました。ただし、データがあるだけでは宝の持ち腐れです。生活用IoTが、よりよい「ひとまとまりの価値」を実現していくには、データを解析して、人やモノや、取り巻く環境の状況を精確に認識できる必要があります。また、その認識にもとづいて、モノをどのように制御しなければならないかを立案し、モノがわかるような論理を組み上げて、その信号を送れなければなりません。さらには、そうしたモノの制御の結果、人とモノと環境と

がどのような状況になったのかを解析できなければなりません。こうした、状況認識分析→制御論理の構築→制御結果の解析という一連のプロセスがつながって、私たちは、IoTを動かすアプリケーションを構成できます。

この状況認識分析→制御論理の構築→制御結果の解析という一連のプロセスを支えている学問が数理工学ですが、その近年の発展と応用の拡がりには著しいものがあります。

前項で取り上げた音声認識のインターフェースの進展は、単にユーザー・インターフェースのデバイス（ハードウエア）だけでなく、それらを介して得られる、音声認識能力の向上に支えられています。これは、一つには、音声認識を担うプログラムが、デバイスへの組み込みシステムではなく、クラウド上におかれていることによります。このことにより、使いながらデータを集めて分析し、継続的にプログラムを改善していけます。これは、本質的には、自然言語の理解や機械学習などを活用した音声認識に関するデータ解析力の向上によるものです。

（2）数理工学はビッグデータ解析、人工知能の基盤

いまメディアでは、ビッグデータ解析、人工知能、機械学習、ディープ・ラーニングといった言葉が飛びかっていますが、数理工学はその基盤をなすといってよいと思います。

数理工学とは、京都大学工学部情報学科数理工学コースの説明によれば、次のような学問分野になります。

> 数学と物理学に基礎をおき、コンピュータを援用しながら、複雑で動的に変化するシステムにおける情報の生成、変換、伝達、組織化、最適化、制御のしくみを解き明かすことにより、情報科学をも含めた工学の諸問題を解決するための方法を探求する。

（3）世の中は、線型モデルでは説明できない複雑現象にあふれている

　筆者にとっては、数理工学や人工知能は専門外であり、生半可な知見を書くとかえって読者の皆様が混乱しますので、ここでは最小限のことをまとめておきたいと思います。

　第3章で述べたコンビニエンス・ストアを対象とした省エネルギーシステムの解析では、読者の多くの皆さんが中学高校で習った一次関数への相関を応用した分析を用いていました。たとえば、外気温と建築におけるエネルギー使用量との関係を、一次式で表せるような関係（線形関係）にある、いい換えれば、外気温とエネルギー使用量とは、グラフでいえば直線上に分布すると仮定して分析しました。そして、その分析は一定の効果はあげています。

　しかし、外気温とエネルギー使用量との関係はさほど線形上には表れません。グラフへのプロットは、直線的というより雲状に分布してしまっています。エネルギー使用量は、外気温だけではなく、さまざまな要因によって変動することを考えると当然かもしれません。

　自然現象も、人間の絡む社会現象も、また自然と人為とが絡み合う環境や人々の身体状況・心理も、何もかもを線形モデルにあてはめるのはいささか乱暴で、それらのデータの向こう側に眠っている本質が見失われてしまう恐れがあります。

　数理工学の主たる関心は、むしろ単純な線形モデルでは説明できない、複雑な現象に向いています。読者の皆さんの中には、カオス理論・カオス工学、ニューラル・ネットワーク、ファジーといった単語を聞いたことがある方もおられると思います。これらは、複雑な現象を数理的に説明する理論・モデルです。

　たとえば、カオス理論（chaos theory）は、「力学系の一部に見られる、数的誤差により予測できないとされている複雑な様子を示す現象を扱う理論」（注5）です。また、カオス工学とは、「カオス理論をもとに複雑な自然、社会現象などを取り扱おうとする学問、技術」（注6）です。「複雑

な現象の背後に潜む単純な法則性を探りだし、長期的には予測不可能とされる現象でも、不規則時系列データのダイナミクスを分析することにより短期的には予測を可能にする」（注7）とされています。この理論を応用して、あらためて建築のエネルギー使用量を分析してみると、2～3時間後のその建物のエネルギー使用量を予測することができるようになっています。

（注5）Wikipediaによります（http://bit.ly/2kRnM3s　retrieved Oct 25 2016）。
（注6）コトバンクによります（http://bit.ly/2kpZ7Cv　retrieved Oct 25 2016）。
（注7）同上。

（4）データマイニング

　データマイニング（Data mining）とは、「統計学、パターン認識、人工知能等のデータ解析の技法を大量のデータに網羅的に適用することで知識を取り出す技術」を指します（注8）。データから洞察を導き出すために使われる多くの異なる手法の総称といってもよいと思われます。

（注8）Wikipediaによります（http://bit.ly/2k1hoqV　retrieved Oct 25 2016）。

（5）機械学習

　機械学習における機械とは、生物ではないモノ、人工物を指します。つまり、機械学習とは、人間ではなく、コンピューターやロボットなどの非生物による学習を指します。いい換えれば、「コンピューターのプログラム自身が学習する」であり、「意味は特に考えず、単に機械的に、正解の確率の高いものを当てはめて評価することを反復的に繰り返し、そこに潜むパターンを見つけ出すこと」です。これはまさに人工知能の一種といってよいと思われます。

　従来の統計的分析は、既知の数理モデルをあてはめる理屈に依り立っ

ています。一方、機械学習は、たとえデータの構造に関するモデルが未知でも、コンピューターを使ってデータを分析していけば、その構造を探ることができるという立ち位置です。

（6）ディープ・ラーニング、ニューラル・ネットワーク

ディープ・ラーニングとは、ニューラル・ネットワークを多層に組み合わせた機械学習の方法を指します。

ここでニューラル・ネットワークとは、脳の中の情報処理の仕組みを模したモデルをいいます。ニューロン（神経細胞）は，他のニューロンから信号を受け取り、他のニューロンへ信号を受け渡しています。ここで、受け取り、受け渡しをするニューロンは多対多の関係です。こういった脳内の情報処理の仕組みをコンピューター内で実現したものがニューラル・ネットワークです。

ディープ・ラーニングでは、特徴的なニューラル・ネットワークを組み合わせて機械学習を進めていきます。このことは、近年のコンピューターの情報処理機能の高度化があればこそ可能なわけで、大量データの中に潜んでいる複雑なパターンを学習していきます。

現時点では、画像内のモノの認識、前述の音声識別などで実用化されています。また、チェス、将棋、囲碁での人間とディープ・ラーニングによるプログラムとの勝負が話題になっています。近未来には、自動翻訳や医療診断に適用されることが期待されています。

（7）仮説構築能力が、機械学習の有用性を高める

機械学習やディープ・ラーニングの進展の結果、ネットワークに接続された全地球上のThings（モノ）が生成するデータをリアルタイムで取得し、そこから関連性の高いデータを発見していく、という考え方が広まり、期待も高まっています。今後の方向性としては間違いないところでしょう。

しかしながら、機械学習の産業分野における応用で成果を上げている河本薫氏は、機械学習にかけて動かしていく前の仮説作りも重要であると述べています。具体的には、温度や圧力は物理法則にもとづいて変化しますから、温度を制御したければ、現場聞き取りや観察を通じて「なぜ温度が上がるのか？」について仮説を構築していくことも重要であると考えておられます。そして、「現場が持つエンジニアリング的な知見を用いずに機械学習だけに頼るやり方は限界があると思います」（注9）という見解を披瀝されています。いきなり機械学習にかけてしまうと、そのユーザーや技術者にはその処理がブラックボックス化され、データに異常値が含まれていて間違った結果が出ても、原因を簡単に突き止めることはできないなど、処理のブラックボックス化のリスクを十分に認識して応用すべきであると語っています。

　河本氏は、「はじめは現場のエンジニアリング的な知見に基づいた仮説をベースに分析を行い、そこで一定の成果を確認した後に、さらに改良するために機械学習を用いるという手順で進めています」（注10）と述べていますが、まことにもっともだと思います。

（注9）http://bit.ly/2kLXdgdによります（retrieved Oct25 2016）。
（注10）同上。

（8）データ解析力が生活用IoTの価値を高めていく

　世の中に流れる流行語の気分に流されることには注意しなければなりません。しかし、仮にそのことを割り引いたとしても、数理工学を基礎とした、複雑な現象を対象にした数理モデルの応用法や、機械学習に代表される人工知能の発展は、データ収集・処理能力の飛躍的発展とも相まって、生活用IoTがもたらす「ひとまとまりの価値」を大いに拡げ、その発展普及を力強く推進していくでしょう。生活用IoTで事業を展開しようとする企業にとっては、データへのアクセシビリティと、その解析

力が競争優位性の源泉になっていくと思われます。

　以上のように、センサーの高性能化・低廉化、各種ユーザー・インターフェースの発展、データ解析能力の向上という、現在進行する技術的シーズの発展は、生活用IoTの発展普及の強力な推進力となると思われます。

5-5　製品設計思想のパラダイム転換

（1）組み込みシステムの容量が制約条件ではなくなること

　IoTの概念が、それぞれの製品の設計現場に浸透していくと、モノ作りにとって大事な可能性が見出されることになるでしょう。それは、IoTによってモノ（製品）の機能・働きが強化できる可能性、そして、その機能・働きの更新・適応ができるという可能性です。

　第1章で、いまあらゆるモノにコンピューター・システムが組み込まれていることを説明しました。こうした組み込みシステムの発展普及という技術革新は、大いなる利便性を私たちにもたらしてきました。便利になればなるほど、もっと便利にしたいと望むのは自然の成り行きですが、それに応えるには、組み込みシステムの情報処理容量は窮屈です。

　図5-3の概念図に示すように、IoTはその窮屈さを開放します。

　すなわち、IoTの普及は、モノを組み込みシステムの情報処理能力には制約されずに、ネットワーク上のどこかにあるサーバー類の強力な情報処理能力を活かし、賢く制御できる道を拓くことになるのです。

　また、組み込みシステムはモノをいったん出荷してしまうと、更新することは難しかったのです。しかし、組み込みシステムがIoTにつながれば、その制御内容も、状況や個々のユーザーに合わせ、どんどん変えていくことができるようになります（図5-4）。

　となると、組み込みシステムは、そこで情報を処理するのが主目的ではなく、むしろ情報をつなぐことが主任務になる可能性があります（図

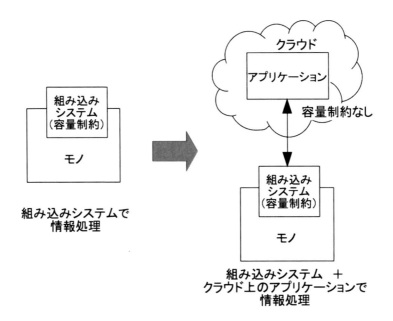

図5-3 IoTによって得られる情報処理能力の拡大（概念図）

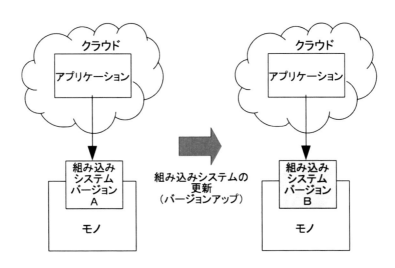

図5-4 IoTによって得られる更新性・適応性（概念図）

第5章 生活用IoTの発展普及のための技術的事項 | 131

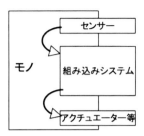

組み込みシステムで情報処理

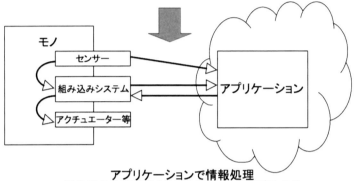

アプリケーションで情報処理
組み込みシステムはつなぐことが主任務となる

図5-5　IoTの普及による組み込みシステムの役割の変化（概念図）

5-5)。

　ただ一方では、「住まいなどの日常生活の場のすべてで常にネットワークへの接続が保証されているわけではない。それだけに、ネットワークとの接続が切れても、組み込みシステムだけでもモノが作動するようにしておくべくではないか」という意見、見解も根強くあります。

　大きな方向性は図5-5のようになっていくものの、クラウド上のアプリケーションと組み込みシステムとの役割分担については、試行錯誤をしながら、その適切な分担のあり方を模索していく必要があると思われます。

(2)「モノは単純に、ソフトウエア運用は個別対応に」というパラダイム

　IoTによる情報処理能力の拡大、更新性・適応性の向上や、組み込みシステムの役割の変化が進むと、モノ作りの基本的な考え方は変わってくるはずです。

　日本のモノ作りの現場では、モノの機能を広範化・高度化する努力が営々となされてきました。しかし、人々が、広範化した機能、高度化した機能すべてを必要としているわけではありません。なぜそうなったのでしょうか。

　その一因は、モノの機能を広範化・高度化しておけば、多くの人が望んでいる機能を最大公約数的にカバーできるという暗黙の考え方が、モノの設計思想として根付いていたためと思われます。その暗黙の設計思想は、製品の部品構成も、電気回路構成も、また、組み込みシステムも複雑化させてきました。

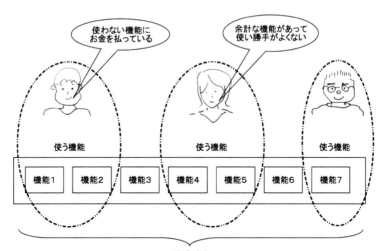

図5-6　機能の広範化・高度化はユーザーと製造者に必ずしも幸せをもたらさない（概念図）

結果的に、ユーザーから見れば、不要な機能、使いこなせない機能が含まれている一方で、製品の開発者・製造者は、複雑化に伴う費用増加に苦慮するという、ユーザー、製造者の両者にとって必ずしも幸せとはいえない状況が続いてきたと想像されます（図5-6）。

　IoTの登場は、広範化・高機能化と複雑化とのジレンマがもたらす不幸な状況について、一つの解決策を提供することになるでしょう。

　というのは、モノ（製品）の部品構成、電気回路構成、組み込みシステムのプログラムを複雑化させ、モノの機能を広範化・高機能化させなくても、多様な個々のニーズに応えていく可能性が拓かれるからです。いい換えれば、作り手側は製品を単純化させるにもかかわらず、それぞれのユーザーから見れば、かゆいところに手が届く、過不足のない機能が得られるようになるのです。しかも、その機能は、ネットワークを介しての更新も可能です。

　IoTは、組み込みシステムの容量による制約をなくし、その簡素化をもたらすだけでなく、部品や電気回路の機構、いわば物理的機構による制御を、論理機構による制御へと転換することをさらに促進していくでしょう。

　となれば、多様なユーザーの多様な要求条件に対応するため、広範で高度な機能を搭載する、というモノ作りの思想そのものが、見直されていく可能性があります。もし、そうなると、次のようなモノ作り思想が台頭してくると思われます。それは、

> モノやその組み込みソフトはできる限り単純に作る。ただし、ネットワーク上に所在する強力な情報処理能力を活かして、個々のユーザーには、過不足なく、かゆいところに手が届くように機能を提供する。

という思想です。これをもっと簡単にいえば

モノは単純に、ソフトウエア運用は個別対応に

ということになります。

　多品種少量生産、個別対応の重みに青息吐息だった供給企業にとって、この設計思想が技術的に実現できるのであれば、魅力的な話のはずです。図5-7に示すような設計パラダイムの転換を生じるかもしれません。

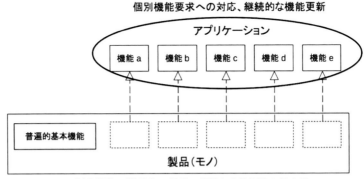

図5-7　IoTの普及によるモノ作り設計パラダイムの転換の可能性（概念図）

　設計パラダイムの転換が進めば、IoTを前提とした製品も数多く作られていくでしょう。また、逆にそのことが、生活用IoTをさらに発展普及させる循環的なサイクルが形成されていくことになります。すなわち、IoTの普及展開はモノ作り設計パラダイムの転換を促す一方で、そのパラダイムの転換は、IoTを普及展開させる継続的な相乗効果が生まれてくると考えられます。

　以上、近年の技術的シーズの拡がりと、製品設計思想のパラダイム転換が生活用IoTの発展普及を相乗的に進めていく可能性について説明しました。

第6章　生活用IoTを促進するための組織立て

6-1　多岐多様な「役者」がそろったチームがIoTを推進する

　この章では、生活用IoTの事例を実現していくための組織立て（team building）のあり方について考えていきます。

表6-1　生活用IoTを用いて高齢者見守りサービス、安眠サービスを実行するために必要な知識、能力（ノウハウ）例

知識・能力の対象・カテゴリー	必要となる知識、能力（ノウハウ）の例	
	ケース7：高齢者見守りサービス	ケース8：安眠サービス
センシング	・起居を含むベッド上の生体挙動感知方法 ・トイレ使用および期間の感知方法 ・トイレドアの開閉感知方法 ・居室ドアの開閉感知方法 ・窓の開閉感知方法 ・空調機への操作の感知方法 ・照明点灯・消灯の感知方法	・温度・湿度計測方法 ・気流速度計測方法 ・CO_2濃度計測方法 ・音声集音方法 ・離床感知方法 ・動作感知方法 ・呼吸状況感知方法 ・脈拍状況感知方法
データ送受信	・センシングデータの送受信方法	・センシングデータ送受信方法
状況分析	・データ集計解析方法 ・行動状況推論方法 ・機械学習方法	・データ集計解析方法 ・睡眠状況推論方法 ・機械学習方法
モノの制御（アプリケーション）	・通知情報内容の編集方法 ・通知情報（確認・アラーム）の送信方法	・各モノへの機能割り付け方法 ・モノへの制御指令方法
モノの動作方式	・ユーザー・インターフェースの設定方法	・窓の動作・制御方式の設定方法 ・空調機の動作・制御方式の設定方法 ・照明の動作・制御方式の設定方法
サービス	・見守り関係者の組織立て方法	・ユーザーからのフィードバックへの対応組織の構築方法

　第1章で例示した生活用IoTを実現し、普及促進していくためには、さ

まざまな知識や能力が必要になります。たとえば、ケース7の高齢者見守りサービス（図1-12）、ケース8の安眠サービス（図1-13）については、表6-1に示す知識、能力が必要になると考えられます。

　表6-1にあげた知識、能力すべてを一人の個人や一個の組織が兼ね備えていることは、きわめて稀であると思われます。むしろ一般的には、各分野の専門家や、異業種の企業にこれらの知識、能力は散在していると考えるべきでしょう。それゆえ、生活用IoTを実現促進していくには、異なる知識、能力を持った個人や企業の連携が必要になってきます。いい換えれば、構想した「ひとまとまりの価値」に応じて、多岐多様な適材適所の「役者」からなるチームを編成できれば、生活用IoTを進めていけると考えられます。

6-2　行きつ戻りつを繰り返しながら組織立てていく

　しかし、異なる専門家や異業種の企業が、何の機会もなく出会い、チームを形成していく、というのは考えにくいことです。その出会いや、連携を生み出していくには、仕掛けが必要であると思われます。

　その一つとして考えられるのは、「ひとまとまりの価値」について構想を組み上げた個人、組織が、その実現・促進に向けて必要な知識、能力を持った組織に呼びかけ、多岐多様な「役者」からなるチームが形成されていく、という仕掛け（図6-1）です。

　図6-1の呼びかけ方式は、次のような条件が前提になると思われます。

・「ひとまとまりの価値」の構想が他者を惹きつけるだけの具体性と魅力があること
・構想者が、異なる組織文化や言葉を超えて、異分野の専門家や異業種の組織を束ねていけるリーダーシップを発揮できること

第6章　生活用IoTを促進するための組織立て　137

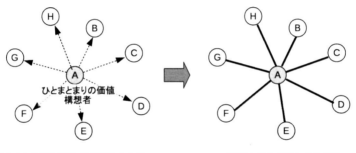

図6-1　呼びかけ方式：構想者が異種専門家、異業種企業を集めチームを形成

　一方、図6-1とは対照的なチームの形成方式も考えられます。「ひとまとまりの価値」の構想がまだ大雑把な段階で、その構想に関心のある専門家や異種企業が一か所に参集し、わいわいがやがやとした雰囲気の中で実験や試作を繰り返しつつ、構想も並行して詳細化具体化していくという方式です（図6-2）。

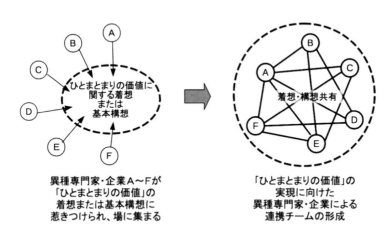

図6-2　出会い方式：場に集まってきた異種専門家や異業種企業が出会ってチームを形成

このようなチーム編成をとった場合には、生活用IoTの試作・試用の進展と、構想の具体化のプロセスが並行に進み、そのプロセスの中で新たに必要となった知識、能力を補っていくために、さらに別種の専門家や異種企業が参画していくことになります。

　そのプロセスの様子は、図6-3のように表せます。すなわち、試作・試用の繰り返しによって「ひとまとまりの価値」の構想が具体化していくプロセスと、多岐多様な「役者」のそろったチームが編成されていくプロセスは、行きつ戻りつを繰り返しながら、並行して進んでいくことになります。

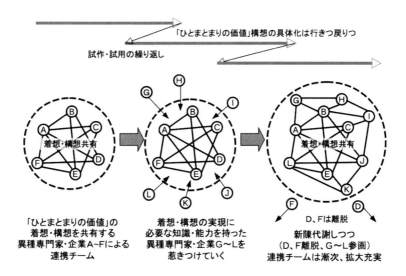

図6-3　行きつ戻りつを繰り返しながら、試作・試用の繰り返しによる「ひとまとまりの価値」構想が具体化する。チーム編成は並行して進展していく。

　第1章の図1-14は、機能創造、意味創造（＝「ひとまとまりの価値」の創造）に関与する主体の相互関係を構造化して描いています。図6-3は、図1-14に示したような、さまざまな「役者」による役割分担関係が形成されていくプロセスを表しているとみることもできます。

生活用IoTによる「ひとまとまりの価値」の実現に必要な知識、能力が結果として結集できるのであれば、そのためのチーム形成が、呼びかけ方式（図6-1）であろうと、出会い方式（図6-2）であろうとどちらでもよいと思います。

　ただ、筆者のささやかな経験から推し量るなら、現代の日本社会の状況で生活用IoTを興していくには、出会い方式のほうがより現実的であると思っています。そう思うように至った経験を以下に紹介します。

6-3　実験住宅COMMAハウスにおける組織立て

（1）COMMAハウス（コマハウス）の概要

　東京大学の生産技術研究所には、COMMAハウス（コマハウス）という実験スマートハウスがあります（図6-4）。2011年夏に竣工し、生産技術研究所がある東京都目黒区駒場と、Comfort Management Houseを文字ってコマハウスと名付けました。

図6-4　実験住宅COMMAハウス（コマハウス）

実験住宅COMMAハウスは、建設された頃は「スマートハウス」と呼ばれていました。その目的とするところは、住宅の省エネルギー性能を賢く高めていくことにありました。

　その一つの方法として、HEMS（Home Energy Management System）と呼ばれる仕組みが組み込まれていました。図6-5に示すように、HEMSは、コンピューターにおかれたアプリケーション・ソフトウエアが、住宅内にあるいろいろな機器、設備をコントロールして、電力をはじめとした家庭でのエネルギーの使い方を最適化する仕組みです。

　第3章では、コンビニエンス・ストアに組み込んだ省エネルギーのための仕組み（図3-1）や、ZEB（Zero Emission Building）の実験建築に組み込んだ仕組み（図3-6）は、いまの視点から見れば、IoTそのものであると説明しました。後述するように、図6-5に示すHEMSの仕組みもまた、IoTの一例と見なすことができます。

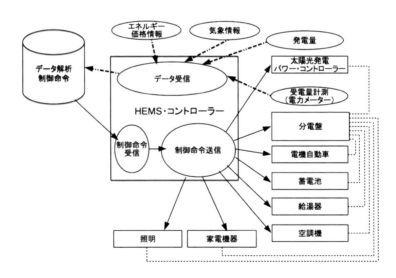

図6-5　HEMS（Home Energy Management System）概念図

（2）背景：HEMSの普及促進を阻む二つの課題

　HEMSは、前世紀末から研究開発されてきました（注1）。2011年の東日本大震災を発端とする電力供給不安をきっかけに、一気にその存在が注目されるようになりました。しかしながら、HEMSはいまのところ商業的な軌道に乗っていません。というのは、次のように二つの大きな課題が横たわっているからです。

＜課題1：最適化軸の相違＞

　ひとくちにエネルギーの使い方の最適化といっても、何をどのように最適化するのかは、立場や人によって最適化の軸は同じではありません。

　多くの住まい手は、年間や月間の電気代を最少化できることが最適だと考えるはずです。ただし、環境に高い関心を持ち、太陽光発電などの再生可能エネルギーの使用比率をいかに高めたかという点を最適化の指標であると考える住まい手もいると想像されます。

　加えて、電力会社からすれば、電気の使用がピークとなる時間帯に使用をなるべく抑制してくれることが、最適だと思われます。この最適化の論理のもとでは、たとえば、住まい手が、暑いと感じるにもかかわらず、空調機の運転を我慢する状態が最適という場合も起こることになります。

　このように、立場や人によって最適の意味は異なり、その相違を乗り越える社会的合意が完全には確立しているとはいいがたい状況です。

＜課題2：導入費用に対して便益が不十分＞

　HEMSによって電気代を最少化できるとしても、その効果は導入費用と比較して必ずしも十分ではありません。一般的な住宅が一年間に支払う電気代は、10万円程度といわれています。HEMSによる省エネルギー実験は従来から数多くなされていますが、成績のよい実験でも、電気の使用量をおよそ一割低減できる程度です。おおざっぱな計算をすれば、

省エネルギーに関するHEMSの効能は、10万円の電気代を年間1万円程度安くできる、ということです。

しかも現状では、HEMSは、何か一つの機械を導入すればすむわけではありません。住宅の中にある機器類、特に白物家電と呼ばれる冷蔵庫や空調機など、大型の機器をコンピューターでコントロールできるタイプに取り換える必要があります。しかし、年間1万円を節約するためだけに、そのような大規模な投資に手を出す人はあまりいないのが実態です。

そのため、HEMSという看板が掲げてあっても、いわゆる「見える化」と呼ばれる電気の使用状況をユーザーにお知らせする機能の提供にとどまっている事例が多いこともうなずけます。

以上のような二つの課題が解けていないために、HEMSは、多くの可能性を秘めているにもかかわらず、その普及促進が足踏みしているのが実情です。

（注1）たとえば、HEMSの基盤となる通信規格であるECOHNET（Energy Conservation & Homecare Network）の普及促進を目的に、ECOHNETコンソーシアムが設立されたのは1997年12月9日でした。

（3）一か所に参集することが生んだ発想の転換

東京大学生産技術研究所では、所内のエネルギー工学連携研究センターの荻本和彦特任教授、岩船由美子准教授（当時、現特任教授）を中心に、これらの課題に対し、COMMAハウスを舞台にして、いち早く民間企業と協働で取り組みました。それは、やりながら考える（learning by doing）ともいうべき取り組みでした。

その結果、電気をはじめとするエネルギーの使い方は、三つの軸で表されると整理しました。

一つめは、環境軸です。先に述べた太陽光発電などの使用比率などが

第6章　生活用IoTを促進するための組織立て　143

その指標となります。

　二つめは、電力系統貢献軸です。電力会社の発電所の運転は複雑です。なるべくピークを抑え、燃料費の増加を回避することは、資源に乏しい我が国全体の経済にとってプラスに働くので、これにどう貢献できるか、という指標です。

　そして、三つめが、後々 IoT の研究につながる QoL 軸です。

　HEMS が、省エネルギー効果だけではなかなか商業的に成り立たない、要するに、売れない、ということは先に述べました。売れて普及してくれなければ、HEMS を土台とした環境へのプラスの効果や、電力系統全体への効果も望めません。

　では、どうやって普及を促進するのか。当然のことながら、それはユーザーに使ってみたいと思ってもらえる便益を提供すればよいのです。しかし、「これだ！」という決め手はいままで誰も提出していません。また、もしかすると、その一部は省エネルギーどころか増エネルギーになってしまう可能性すらあります。とはいえ、普及してくれなければ、HEMS の省エネルギー効果や環境効果は絵に描いた餅になってしまいます。そこで、まずはエネルギーのことをいったん忘れてでも、ユーザーが望ましいと思える使い方を探ろう、ということになりました。

　QoL は、Quality of Life の略です。「生活の質」といってよいでしょう。こういう家電の使い方があったら便利だ、すばらしい、というものを創出して、HEMS の普及の足掛かりにしようとするわけです。第4章で紹介した、寝苦しそうなら扇風機をちょっと回す、というアプリケーションもこのような中で生まれました。

（4）発想の転換を支えるために新たな仲間を招く

　QoL アプリケーションを作ってくれると想定されるのは、やはりすばやく事業活動ができるベンチャー企業、スタートアップ企業といわれる人々です。特に、日常的にスマートフォン向けのアプリケーションや、

144　　第6章　生活用 IoT を促進するための組織立て

ウェブサイトのコンテンツを制作している人々が本命でしょう。何よりも、これを「おもしろそうだ！」と思って情熱を注いでくれる人々が担い手になるのです。

　一方、大企業はどうでしょう。大きな工場を外国に建設する、多額の研究資金を投資して新しい素材を開発する、などは小規模事業者にはなかなかマネのできない事業スケールです。とはいえ、個別のアプリケーションをちょこっと作ってみることは、大企業として最もやりにくい作業でしょう。何もやるにしても上司の承認は必要です。また、「これが自社の将来の事業にこう役立つのだ」などの書類をたっぷり時間をかけて作らなければ、何も動かない世界でもあります（もちろん、それだけの安全構造を有しているからこそ、大きな投資もできる点を忘れてはいけません）。

　そこで、HEMSのQoLアプリケーションを創出するために、筆者たちは協働している民間企業と相談して、COMMAハウスの使用スタイルに、少々工夫を施しました。

　まず、大企業には、機器類などベンチャー企業の人々が入手しづらいものを積極的に提供してもらいました。同時に、ベンチャー企業の人々には、その機器を活用したQoLアプリケーションを手早く作ってもらいました。先の寝返りと寝苦しさの定量的関係などは、その際気にしなかったのです。要するに、「サービスのコンセプトモデル（＝ひとまとまりの価値）」を提示することを目標にしました。

(5)「わいわい、がやがや」をまとめるための一工夫

　もう一つの工夫は、検討の"仕方"です。HEMSのQoLサービスについて議論すると、とても特徴的な場面に頻繁に出くわします。それは、"議論の発散"です。QoLアプリケーション開発を議題として、何人かが会議室に集まったとします。ある人は、「介護の必要な人向けに、HEMSはぴったりだ」と発言します。その隣の人は「赤ちゃんにもいいねぇ」

第6章　生活用IoTを促進するための組織立て　145

といい出します。向かいに座っている人は「最近は、マンションでペットを飼っている人は、留守中も空調機を入れっぱなしらしいよ。だからHEMSはペット用のアプリケーションを作れば売れるよ」といいます。要介護者、赤ちゃん、ペット、それぞれ語っていることはもっともです。しかし、これでは議論は収斂しません。発散です。結論は出ずに、時間切れになり、結局何も進まないのがオチです。

　そこで、COMMAハウスを活用したQoLアプリケーション開発では、まずテーマを決めることにしました。たとえば「睡眠」です。「睡眠」をテーマとして、それでアプリケーションを作ってみたい企業の人々に自由に議論してもらいました。COMMAハウスの寝室の照明、ブラインド、空調機はネットワークにつながっていて、第4章で述べたWeb-API経由で動作させられます。扇風機も学習型赤外線リモコンをWeb-APIに接続することにより、コンピューターコントロールが可能になります。

(6) テストベッド提供による出会い方式でのチーム結成促進

　以上のように、COMMAハウスを活用した組織的活動、その名も「HEMS道場」は、約3年間に20本程度のQoLアプリケーションを創出できました。これは、まさにテストベッド提供による出会い方式でのチーム結成促進の一例だといってよいと思われます。

(7) 「HEMSはIoTの一事例である」という指摘

　このような活動をしていたところ、ある大手IT企業から、意外な評価が得られました。それは、この活動がIoTの一種であり、このように比較的自由にさまざまなモノを動かす環境は、世界的に見ても珍しい存在だ、というのです。私たちは、HEMS用のQoLアプリケーションを創出することばかりを考えており、その点に気づきませんでした。指摘されてみれば、HEMSは、図6-5に示したように、ネットワークに接続された家電品や住宅設備機器をコンピューターで動かすわけですから、IoTそ

のものです。確かに、家電品にかかわらず、水道の蛇口の操作状態まで取り込んだ"見守り"アプリケーションは、とても説得力があり、見学者から高い評価を得ていました。IoTの世界も、アプリケーションの重要性は、ますます増えるはずです。

　HEMS研究で培ったアプリケーションを開発するノウハウ、特に図6-6のように、バーチャル環境であるWeb-APIとリアル環境の実験用スマートハウスとの組み合わせによるテストベッド（模擬施設）の提供は、IoT時代にも大事な役割を果たせそうな予感がしてきました。

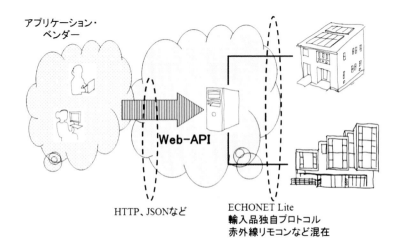

図6-6　HEMSアプリケーション用テストベッドの構成（模擬施設）：Web-APIを介して、アプリケーションベンダーは容易に"リアル環境"にエントリーできる

　そこで、2015年年明けに、東京大学生産技術研究所内にIoT特別研究会を設置し、HEMS研究のノウハウを活用してIoTの早期実現を目指すこととなったのです。

　以上のような体験を通じて、現代の日本社会の状況において生活用IoTを進めていくには、出会い方式に現実味があると思うに至っています。

6-4　プロトタイピングを通じた創発

　以上述べてきた、実験住宅COMMAハウスでの経験を踏まえると、生活用IoTを促進していく組織立てについて、いくつかの大切な点が浮かび上がっています。

① 　試作しながら考えること
② 　やりながら多様なメンバーを集めること
③ 　「わいわい、がやがや」がイマジネーションを発展させると認識すること（＝「わいわい、がやがや」が無駄だとか、非効率であると考えないこと）
④ 　案百出による磨きあげには、いい意味で節操をなくすこと

　これらのことを、もう少し詳しく説明することにしましょう。

（1）試作しながら考えること

　小さな規模でもプロトタイピング（試作）してみて初めて、「ひとまとまりの価値」が、あるニーズを持った人々や社会に意味あることかどうかが評価できます。また、それを実現する見通しがあるのか、その実現のためには、どのような知識・能力が必要となるのか、もわかってきます。一般にものごとは、いざ作ろうとしてみると、いろいろ課題は出てきます。プロトタイピングは、これらの技術的課題を乗り越える、きっかけと手掛かりを得る「たたき台」となります。さらに、プロトタイピングによって、いろいろな人々からフィードバックが得られ、さらに改良案を具体的に形作っていけます

　日本の大企業は、そもそも始めるまでに慎重膨大に調査評価する傾向が強いようです。しかし、試作しなければ、実は的確な評価はできません。また、そもそも試作のバッターボックスに立たなければ、永遠にヒッ

トを打てません。

これは、英語圏で「Lean Start up（無駄のない起業）」と呼ばれている
やり方と共通します。ここで「Lean Start up」とは、ともかく小さなス
タートを切って、やりながら考えて評価し、段取っていくことのほうが、
スタート前に入念に評価して実行案を絞り込むよりも、実は無駄打ちが
少ない、という考え方です。シリコンバレーをはじめ、米国のIT（情報）
産業の起業活動の高さと強さは、まさにこの「Lean Start up」の考え方
に支えられていると思われます。

私たちが、生活用IoTを進める組織立てを考えるうえでも、きわめて
示唆的な考え方といえます。

(2) やりながら多様なメンバーを集めていくこと

構想された「ひとまとまりの価値」を実現していくために必要な知識・
能力は、広い範囲に及びます。たとえば、第5章で説明したように、技術
的側面だけに限っても、製品設計、通信・ネットワーク、センサー、ユー
ザー・インターフェース、データ解析、ソフトウエア設計などに関する
知識・能力が必要になってくると思われます。

また、第1章で述べたように、「ひとまとまりの価値」という新しい「意
味」を創造するには、他産業の従事者、デザイナー、材料供給者、教育
者、アーティストなどを含む、Interpretersと呼ばれる人々が必要にな
ります（図1-14）。

こうした知識・能力を備えた多様な人・組織（役者）を集めることが
重要です。しかも、その集め方は、プロトタイピング（試作）をしなが
ら、いわば、やりながら集めていくことになります。

よりよい「ひとまとまりの価値」を実現していくには、実践を通じて
多岐多様な「役者」による新たなつながりを形成していくことが肝要な
のです。

(3)「わいわい、がやがや」がイマジネーションを発展させる

プロトタイピング（試作）プロセスは、一直線上に描けるものではありません。図6-3に示すように、行きつ戻りつが繰り返される反復的なプロセスとして理解されるべきです。

集まった多様な「役者」が、わいわい、がやがやしながら、アイデアを組み上げていくことによって、イマジネーション（想像力）は互いに刺激され、案をさらに魅力的にしていけます。

この、わいわい、がやがやを通じての創造は、「創発」とも呼べると思われます。創発（emergence）は生物学の言葉で、部分の性質の単純な総和にとどまらない性質が、全体として現れること（Wikipedia）を意味します。ここでは、その本来の意味を敷衍して、多様な役者の交わりの中から新しい知識・技術・知恵やそれを活用した成果が生まれ出ることを指しています。

繰り返しになりますが、わいわい、がやがやは、決して無駄なプロセス、非効率なプロセスなのではなく、創発を生むために不可欠なプロセスと認識すべきです。

ただし、「わいわい、がやがや」は、議論の方向を発散させてしまう恐れもあります。また、集まった「役者」たちの考え方も言葉、文化も異なり、これも案が収束しない要因となり得ます。そのため、ネタとなるテーマやトピックを決めたり、有能な議論進行役（ファシリテーター）をおいたりすることも一計だと思われます。

(4) 案百出による磨きあげには、よい意味で節操をなくす

「わいわい、がやがや」の中から、さまざまな案が次々と出てくる点が大事です。たとえ、その案が採用されなくても、なぜ、ある案が優れているかを、メンバー間で確認・確信していくには、比較考証できることが大事だからです。案百出だからこそ案は磨きあげられていくといってよいでしょう。いい換えれば、その試行試作、比較考証の積み重ねによっ

て案は成長していきます。こうした過程は、一直線ではなく、行きつ戻りつの繰り返しプロセスです。たとえ、過去一週間徹夜で練りあげた案があったとしても、別途それよりも優れた案が出てくれば、旧案にこだわらずに「すっきり」棄却する節操のなさも重要です。

6-5　プロトタイピング促進の舞台としての中間組織

　以上、生活用IoTを進めていく組織立てとしては、多岐多様な「役者」による新たなつながりを形成しつつ、プロトタイピング（試作）を進めていくことが有効である点を説明しました。

　プロトタイピングが単発であったり、その件数が限られたりしている場合は、それぞれの案件に応じて臨時に創発のためのチームと場を形成していけばよいと思われます。

　プロトタイピングの活動を組織的に多数展開させていくのであれば、継続性のある仲立ちの場を用意することで、新たなつながりの形成を促していくとよいと考えられます。

　このような、仲立ちをする、あるいは仲立ちの場を提供する組織は、中間組織（innovation intermediary）と呼ばれています。これは、

> イノベーション・コミュニティ内の諸主体の間に立って、イノベーション・プロセスにおける媒介役・はずみ車役としての役割を果たすことによって、変革創始や変革駆動力の向上に寄与する組織

を指します（注2）。

　前述のIoT特別研究会は、まさに中間組織といってよいと思われます。

　それでは、中間組織として、このIoT特別研究会が何をやろうとしているのかを概観しておくことにしましょう。

（注2） 野城智也『イノベーション・マネジメント：プロセス・組織の構造化から考える』
（東京大学出版会、2016）によります。

（1）テストベッドの提供によるプロトタイピングの推進

　IoT特別研究会は、IoTの早期実現の道筋を検討するためのオープンな検討組織で、Web-API開発用テストベッドであるCOMMAハウスを通じて、アイデアの醸成、マッチング、プロトタイピングの機会を提供しています（図6-7）。

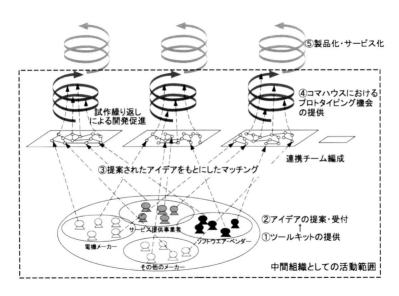

図6-7　プロトタイピング活動に中間組織が担っている役割（COMMAハウスにおける事例）

　IoT特別研究会は中間組織として、わいわい、がやがやによるオープンな知識結合支援の場としての役割を担っているといえるでしょう。新しいコンセプトをもとに試作されたアプリケーションを用いて、実際に住宅内機器を動かす実験・試験が行われ、IoTの応用範囲を拡げるようなアプリケーションが開発されつつあります。建築技術者、設備技術者、

情報ネットワーク事業者、家電機器メーカー、ソフトウエア開発者、ユーザーの間に立って、媒介役・はずみ車役としての役割をはたしているといえます。

（2）中間組織から世界への発信

この本で紹介してきたWeb-APIによる広範な接続性の実現のためには、地球規模での共通認識と協働とを形成しなければなりません。さもないと、絵に描いた餅になってしまう恐れがあります。伝統的な製造業分野では、国際機関のISOや、JIS、DINといった各国の工業標準など、公的機関が制定する公的規格、いわゆるデジュール標準の影響力が強いでしょう。一方、IT関連では、むしろ、ボトムアップ的に興隆し、普及してきたやり方が多数派を占めることによって実質的な標準となる、デファクト標準の影響が強いと考えられます。

そこで、IoT特別研究会では、デファクト標準に影響力を持っているIETF（Internet Engineering Task Force）へ積極的に情報発信し、Web-APIの考え方がその中核におかれるようにする活動も展開しています（注3）。

以上述べてきた事例のように、

・中間組織を仲立ちとしたプロトタイピング
・多岐多様な「役者」による新たなつながり形成

は、いままさに世界各所で多様に、ダイナミックに展開しています。こうした組織立ては、生活用IoTを強力的に進めていくことに大きな力を発揮することが期待されます。

（注3）具体的には、IoTに関して、IT界、Things界の主要プレイヤーへのヒアリングを取りまとめ、IETF 94（2015.11、横浜にて）で下記のような寄書（Internet Draft）を提出す

るとともに、IoT Safetyの考えを追記した寄書をIETF 95に提出しています。

"Problems in and among industries for the prompt realization of IoT" http://bit.ly/2kQRLst

なお、その日本語訳は下記で読むことができます。

http://bit.ly/2kQWxGn

第7章　生活用IoTの普及を阻む技術的課題とその克服策

　表5-1に示したように、第5章では技術的な側面から、第6章では組織的な側面から、生活用IoTの発展普及を促すことがらについて考えてきました。以降の第7章では、技術的な側面から、第8章では組織的な側面から、生活用IoTの発展普及を妨げる恐れのある課題と、その対処方策について考えていきます。

　生活用IoTの発展普及を妨げる技術的要因は数多くあると考えられますが、本書執筆の時点では、特に、次のような技術的課題を放置していては具合が悪いといわれています。

　・外的脅威問題：アプリケーションの不都合なつながり方（＝組み合わせ不全）が、生活者にとっての外的脅威を生む問題
　・世代管理問題：モノとソフトウエアの更新速度の相違が、生活者にとっての不都合を生む問題

　そこで、本章では、これらの技術的課題について説明するとともに、その対策について考えていきます。

7-1　外的脅威問題

（1）状況認識と動作制御の不都合なつながりが生む脅威の事例

　アプリケーションの不都合なつながり方が、生活者にとって外的脅威を生む問題とは何でしょうか。電動で開閉する窓を一例に解説します。
　一般に、状況に応じて窓を開け閉めすることで、私たちは自らにとっ

て好ましい環境を得ています。アプリケーションの操作により電動で開閉する窓は、「可能な側面」を考えれば、

・外気温の状態などにより、外気を積極的に取り入れてエネルギーを使わない空調（パッシブ空調ともいいます）を実現する
・高齢者や身体の不自由な人でも、多くの窓の開け閉めが自在にできる

など、とても便利なモノで、今後の普及が期待されています。

　ところが、このすてきなモノも、状況にそぐわずに動作すると、生活者にとって外的脅威ともいえる不都合をもたします。

＜脅威例１：電動窓の異常動作で家中が水浸し＞

　前述のパッシブ空調を例に、脅威例をあげてみましょう。パッシブ空調のアプリケーションがかなりシンプルに作られていて、外気温度、室内温度のみで、電動窓を開閉するものと仮定すると、ゲリラ豪雨が来ても、このアプリケーションは、窓を開けてしまう可能性があります。その結果、家中が水浸しなんてことになってしまいます。

　本来、このアプリケーションは、気象情報提供サイトや、家に設置した降雨センサーを司るアプリケーションなどとつないで、窓を開けてよいかどうかを判断できるようにする必要があるのです。また、そのつながりも、「雨なら窓を開けない」と正しくロジックが設定されなければなりません。

　気象状況を認識するアプリケーションも、電動窓を制御するアプリケーションも正常であったとしても、その間のつながり方に不具合があると、生活者には、家中が水浸しになるという外的脅威が生じてしまいます。

＜脅威例２：状況認識能力を悪用する＞

　最近普及が進んでいるスマートメーターや、HEMSの見える化機能な

どにより、住宅内の電気の使用状況を把握できます。使用状況は、在宅、不在とかなり密接な情報ですので、100％確定できないにしても、留守かどうかを知る手かがりとなります。それゆえ、在宅時、不在時で住宅内の機器の動作のモードを変更するために電気の使用状況から在宅・不在を推定するアプリケーションも、今後作られていくと想像されます。

　ただ、このアプリケーションが「留守だ！」と判断したら、電動窓を開けるように設定されていて、しかも、それをこのアプリケーションの真の"持ち主"である泥棒に知らせる事態が生じたらどうなるでしょうか。容易に泥棒に入られてしまいます。

　これも、状況認識のためのアプリケーションと、モノを制御するアプリケーションとの間の不都合なつながりが生む外的脅威の例といってよいと思われます。

（2）通常と通常の掛け合わせ次第では不都合が生じることがある

　電動窓を開ける、という操作自体は、何ら不自然ではありません。窓ですから、開ける、閉めるという操作は、通常の操作です。気象情報提供サイトから情報を引っ張ってくるのも通常のことです。また、スマートメーターやHEMSを用いて電気の使用状態を知ること自体も不自然な動作ではなく、通常の使い方です。

　ところが、なんと、通常の使い方同士を掛け合わせると、不都合な使い方が生まれてしまうこともあるのです！

　図7-1は、これらも例も含め、モノを動かすアプリケーションの間のつなぎ方、いい換えれば、モノの使い方のつなぎ方次第によっては、生まれる恐れのある外的脅威を表しています。

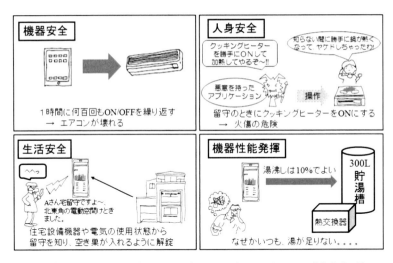

図7-1 アプリケーションの不都合なつながり方によって生まれる恐れのある外的脅威の例

(3) 従来の情報セキュリティ問題とは異質の問題

図7-1に示した、つなぎ方の不具合が生む生活者にとっての外的脅威は、従来の情報セキュリティ技術が対象とする脅威とは別種の事象です。

もちろん、ハッキングなどにより、悪意にもとづいて意図的につながり方を操作し、外敵脅威を起こすように電動窓の動作をさせることもできます。

しかし、必ずしもそうした悪意や意図の介在がなくとも、状況の読み取りとモノの制御とのつながり方の不具合によって、外的脅威は生じるのです。第3章では、コンビニエンス・ストアで要冷機器が空調機をさしおいて、店舗全体を冷やそうとしていた事例を紹介しましたが、これも、状況の読み取り方とモノの制御との間の不具合に端を発している問題事例でした。このように、アプリケーションとモノとのつながり方による不具合は、エネルギーの使用効率の低迷という程度の被害レベルにとどまる事象もあれば、電動窓の異常動作のように深刻な被害を生活者にもたらすこともあります。

このようなアプリケーションとモノとのつながりの不具合から生じる外的脅威は、従来の情報セキュリティ技術が主な対象とする、いわゆる

　・ハッキング、
　・なりすまし
　・コンピューター・ウィルス

とは、まったく異なる次元の問題です。

　従来のセキュリティ技術は、情報の漏洩をいかに防ぐか、に重きをおいて検討されてきました。しかし、IoTの世界では、アプリケーションやモノは正常に作動していると認識されているのに、実は生活者にとって外的脅威が生じていることがあり得るのです。このようなアプリケーションとモノとのつながりの不具合という課題を放置していては、外的脅威の顕在化は避けられません。結果的に、生活用IoTの普及促進は大いに阻害されてしまうことになるでしょう。

（4）つながりの不具合は「場でのまとまり」の不全に起因

　アプリケーションとモノとの不都合なつながりによる不具合は、第2章で説明した「場でのまとまり」の不全であるとも解釈できます。

　たとえば、これから出かけて留守にするのに、わざわざ窓を開け放つ人はいません。このように、私たちの日常生活での行動とモノの使い方とのつながりについては、生活者が一つ一つ判断して、不都合な使い方の組み合わせの発生を防いでいます。いい換えれば、生活者自身がモノの使い方の「場でのまとまり」を管理しています。

　インダストリー4.0、インダストリアル・インターネットといった構想をもとに進められている産業用IoTの対象となる工場という場には、全体を管理する専門家がいます。産業用IoTを適用し、工場のモノをネットワークでつなぎ、統合的に動作させるにしても、専門家である管理者

第7章　生活用IoTの普及を阻む技術的課題とその克服策　159

が、使い方のつながりの不都合を防ぎ、「場でのまとまり」を維持してくれることが期待されます。

　一方、住まいなど、日常生活の場に適用する生活用IoTの場合、工場のような管理者がいることは必ずしも前提にできません。窓の開け閉めの例のように、住まい手が常識や生活習慣によって、モノの使い方のつながりの調整を行っています。仮に、住宅に存在するモノすべてが単一のメーカーによって製造されたモノであるならば、そのメーカーが「場でのまとまり」を保証してくれるかもしれません。

　しかし、そのようなことはきわめて稀で、一般に、住まいなど日常生活の場では、多くのメーカーの製品（モノ）が混在しています。第2章で述べたように、モノ同士の組み合わせは「成り行き」任せで決まりますので、どのメーカーによるどのようなモノが、どのメーカーによるいかなるモノと結び付くのかを事前に予測することは困難です。

　A社が提供するスマートメーターとB社が提供する電動窓とが、ある住宅でいっしょに用いられることが「成り行き」で決まるとなれば、アプリケーションとのつながり方の不具合をモノを製造する工場出荷前の段階でチェックして調整することは、現実的ではありません。A社が提供するスマートメーターと、B社が提供する電動窓との動作の掛け合わせによる不都合が生じないようにするには、「場でのまとまり」によって抑止するしかありません。いい換えれば、生活用IoTにおけるアプリケーションのつながり方によって生じる不具合は、「場でのまとまり」が不十分であるために生じると理解すべきだと思われます。

7-2　では、いかにして外的脅威問題に対処するか

（1）「IoT由来の脅威」

　筆者らは、アプリケーションのつながり方の不具合に起因する外的脅威を「IoT由来の脅威」と呼んで研究してきました。それぞれのモノが

単体として動いている時代には問題とならなかったことが、IoTが普及して、アプリケーションがモノ同士をつなぎ、複合的に動作させることによって出現する、新たな種類の脅威です。

　この「IoT由来の脅威」は、どのような特徴を持っているのでしょうか。研究は緒に就いたばかりなので、まだ、詳しいことはわかりません。ただ、モノがさまざまな形でつながるために発生する脅威ですから、次々と湧き出るようにいろいろなパターンのものが出てきそうです。IoTを活用して生じる脅威は、種々の局面で発生すると考えられます。従来の情報セキュリティは、OSIの7階層モデルのうち、下位四層（レイヤ）に対する対策が主に考えられてきました。

・第1層（L1）物理層：無線や電線などの信号を送るもの
・第2層（L2）データリンク層：隣接ノード間での情報の転送を行う
・第3層（L3）ネットワーク層：いわゆるIPパケットの送受信
・第4層（L4）トランスポート層：TCP、UDPなどによる橋渡し

　しかしながら、筆者らは、「IoT由来の脅威」を直感的に理解するために、OSIの7階層モデルとは異なる階層モデル（図7-2）で説明を試みてきました。情報セキュリティももちろん必要不可欠です。ただ、それ以外にも、パッシブ空調とゲリラ豪雨の例のように、アプリケーションは正しく動作しているのに、ユーザーには不都合が生ずることもあります。そこで、ユーザーの安全に関する問題や対策などは、従来の脅威とは別種の課題として検討するほうがよいのではないか、という考え方を図7-2は表しています。

　セキュリティという言葉は、いわゆる従来の情報セキュリティ（Information Security）、もしくは、サイバーセキュリティを連想させてしまいます。そこで、図7-2では、あえてSafetyという言葉を使用し、「IoT由来の脅威」はIoT Safetyの問題なのだ、ということを視覚的にア

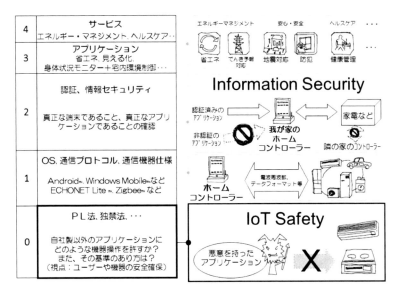

図7-2 つながり方の不都合による外的脅威は、従来の情報セキュリティとは一線を画す（なお、AndroidはGoogle Inc.の商標です。Windows Mobileは、米国Microsoft Corporationの米国およびその他の国における登録商標です。ECHONETはエコーネットコンソーシアムの登録商標です。ZigBeeはZigBee Alliance, Inc.の登録商標です）

ピールしています。

(2)「IoT由来の脅威」の特徴

さて、それでは「IoT由来の脅威」を顕在化させない、すなわち、防ぐ方法はあるのでしょうか。

まず、「IoT由来の脅威」の特徴を整理してみましょう。

- 複数のベンダー（メーカー等）の製品・サービスの組み合わせで起こりやすい
- 製品・サービスと、ユーザーの直接操作との競合や、気象や留守などの場の"状況"との不整合でも起こる
- それぞれの場の統合的な管理者がいないと起こりやすい

・モノの新しい組み合わせに伴い、新しい脅威が発生する

　これらの特徴は、第2章で述べたように、生活用IoTではモノの組み合わせが成り行きで決まっていくこと、また、その成り行きにただ任せていると、「場としてのまとまりを欠いてしまうこと」に由来するといってよいでしょう。

　新製品が発売されたら、既存のものとの新しい組み合わせができ、それによる脅威もこれまた新たに発生するわけですから、法律のように、ガシッと決めてしまう固い枠組みは、あまりそぐわないように思えます。それよりも、いわゆるPDCA（Plan（計画）、Do（実行）、Check（評価）、Act（改善））の繰り返しプロセスを経て、常に新たに発生する脅威に対応できる柔軟な枠組みのほうがしっくりいきそうです。

（3）リスクシナリオを描き、多重に継続的に防護していく

　PDCA（計画、実行、評価、改善）のプロセスを順次経て、前の段階で積み残した課題や、新たに発生した課題を次々に処理していく、という仕組みに、Management Systemというスタイルがあります。品質管理や環境、情報セキュリティなどに適用されています。

　東京大学生産技術研究所での研究も、このManagement Systemをベースに進めています。前述したような「スマートメーターやHEMSで留守を知って、電動窓を開ける」という表現をリスクシナリオと呼びます。そして、このリスクシナリオにどのように対処するかの方針を決め、対処策を実施すれば、当該リスクのレベルはかなり低下するだろう、という考えにもとづき対処していきます。

　ただし、リスクを完全に除去できる対処策は少ないのが通常で、PDCAのサイクルを経ても、残留リスクともいうべきリスクを伴います。Management Systemでは、この残留リスクと新たに発生した脅威とをPDCAの次のサイクルで対処・処理することを検討していくのです。

そして、それを永遠に続けていく、という考えです。

　この仕組みを動かしていけば、新しいモノ（製品）やその組み合わせが出てきて生じた新たな脅威にも対処していけると考えられます。

(4) 二通りの残留リスク

　残留リスクについての考え方は、二通りあると考えています。一つは、そのリスクがたとえ発生確率は低くとも、絶対にあってはならない、というものです。この場合の対処策は、たぶん「禁止」でしょう。そう、制度的に許可しないことも対処策の一つなのです。そして、もし技術が進歩して、実行しても対応できる方策が開発されたら解禁すればいいのです。

　もう一つは、他の方法で残留リスクをカバーしておくというものです。人間が外出する際に戸締りをするにしても、閉め忘れなどはごく普通にあります。運が悪ければ泥棒に入られるでしょう。そのために、住宅総合保険などもあります。故意ではなく偶発的に起きてしまった不都合に対して、金銭的にあがなうのです。こういった仕組みをIoT世界に導入することは、IoT早期実現にとても大切なことだと考えられます。

(5)「関所」という仕掛け

　さて、それでは、多種多様なリスクシナリオが大量に出てくるとして、それをどうしたらいいのでしょうか。民間事業者が主体となってCOMMAハウス＋Web-APIのテストベッドを活用して行った実験が、今後のカギとなる可能性を秘めています。

　それは、通称「関所」と呼ぶ仕掛けです。第4章で述べたWeb-APIは、さまざまな経路によって、すべてのモノにつながっていることを想定しています（図4-4）。異なるメーカーのモノも、もしかすると当該メーカーのクラウド経由かもしれませんが、最終的にはこのWeb-APIにつながっている構造です。そして、モノを動かすアプリケーションもこのWeb-APIにつながっています。

「関所」は、たとえば、前述した「スマートメーターやHEMSで留守を知って、電動窓を開ける」というリスクシナリオをコンピューターが理解できる形式に翻訳して、このWeb-APIに入れておくアイデアです。そのイメージを図7-3に示します。この図で、関所は「留守」を知った状態になったら「電動窓を開ける」操作を拒否してしまおう、という仕掛けとして描かれています。操作コマンドの通行を許可するか否かを監視するわけですから、Web-API上のこの部分の「関所」という名前はピッタリだと思います。

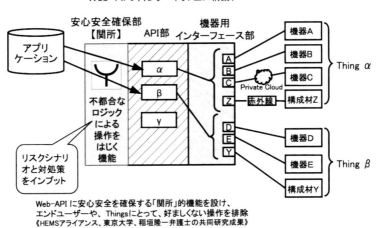

図7-3 「関所」：アプリケーションの不都合なつながりが発生する確率を逓減する仕組み（概念図）

(6) 包括的継続的取り組みの必要性

本書で何度も述べてきたように、生活用IoTは、私たちにいろいろなひとまとまりの価値をもたらす可能性を持っています。しかし、世の事物にはすべからく光と影があります。生活用IoTとて例外ではありません。

一般的には、モノ（製品）にとっての影の部分、いい換えれば生活者や社会に不利益や被害をもたらす部分は、法規制や、モノにフェイルセー

フ機能を付与することによって、顕在化しないように工夫されています。しかし、これらの既存の法規制やフェイルセーフ機能は、そのモノが単体として動作することを暗黙の前提としています。

　生活用IoTは、何度も述べてきたように、「成り行き」でモノがつながって、「ひとまとまりの価値」を提供することを目指しています。モノ単体を対象にした法規制やフェイルセーフ機能だけでは、不利益や被害の顕在化は防げそうにありません。

　図7-3に示す関所という仕組みは、法規制やフェイルセーフ機能ではカバーしきれない不具合や脅威を防ぐ手立てとして役立つことが期待されます。ただし、筆者は、この関所という仕組みが、すべての「IoT由来の脅威」に対処できる、オールマイティであるとも考えていません。

　生活用IoTに取り組めば取り組むほど、IoT Safetyはかなり複雑な問題で、一つのソリューションですべてが解決するとは思えない点も実感しています。そのため、あの手この手を駆使した包括的な取り組み（holistic approach）が必要になっているのです。

　生活用IoTがもたらす「ひとまとまりの価値」が大きければ、こうした包括的な取り組みを駆使していく大きな動機付けになるはずです。ちょっと考えて「難しいからあきらめよう」ではなく、一歩ずつでも「IoT由来の脅威」を軽減できるよう、実践を通じて学びながら（learning by doing）経験知を積み上げ、方途を尽くしていくべきだと筆者は考えています。

7-3　世代管理問題

（1）モノとソフトウエアの更新速度の相違が世代管理問題を生む

　以上述べてきた外的脅威問題に加えて、生活用IoTの発展普及を妨げる恐れのある技術的課題として、世代管理問題と呼ばれる課題があります。

　これは、モノとアプリケーション・ソフトウエアの更新速度の相違が、生活者にとっての不都合を生む問題です。

たとえば、「5年前のソフトウエアを使っている」と聞けば、「ずいぶんと古いソフトウエアを使っているな」という感想を持つ人は少なくないでしょう。また、「5年も経って、そのソフトウエアはよく動いているな」と驚く人もおられると思われます。それくらい、ソフトウエアの更新間隔は短く、頻繁です。情報通信技術が文字通り日進月歩であることに加えて、サービスを充実させようという動機付けも働き、アプリケーション・ソフトウエアは常態的に改良更新が繰り返されるのでしょう。5年も経てば、少なくともバージョンアップされているか、あるいは、別のソフトウエアに置き換えられている可能性もあるでしょう。

　一方、仮に「5年でキッチンセットを取り替えた」と耳にしたらどうでしょうか。多くの人は「かなり短い時間で替えましたね」という感想を抱くでしょう。普請道楽な人が5年でキッチンセットを替えるケースがまったくないわけではありません。しかし、よほどの事情がない限り、窓や玄関ドアを5年間で替えることはないと思われます。皆さんの住まいで、10年前どころか、20年前、30年前の機器や構成材がそのまま使われていることは決して珍しくないはずです。住宅に設置された機器や構成材にとって、5年という時間はとても短い期間です。

　このようにアプリケーション・ソフトウエアの更新速度・間隔と、モノ（機器、構成材）の更新速度・間隔には著しい差異があります。

　となると、10年前、20年前に設置し、IoTに組み入れられて動いていたモノが、最新バージョンに更新したアプリケーション・ソフトウエアでは作動しないという事態が生じる恐れがあります。たとえば、10年前に買ってまだ使っている冷蔵庫、あるいは、20年前に設置した電子施錠システムが組み込まれた玄関ドアシステムが、アプリケーション・ソフトウエアの改訂で動かなくなるという事態です。

　昨日まで正常に働いていたモノが、アプリケーション・ソフトウエアの更新で動かなくなる事態は、生活者視点から考えれば、納得できることではありません。

第7章　生活用IoTの普及を阻む技術的課題とその克服策　　167

それだけに、世代管理問題を解決する術が確立し、普及していないと、生活用IoTは生活者にとって忌避すべき対象になってしまう危惧があります。

(2) 世代管理問題の発生様態

　世代管理問題がどのようにして起こるのかを、Web-APIによるIoTの接続方式を下敷きにして描いてみることにしましょう。

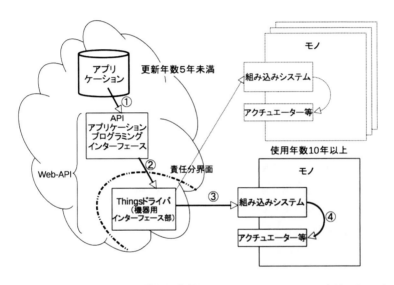

図7-4　世代管理問題の発生様態を構造的に把握するための、Web-APIによるアプリケーションとモノとの接続関係モデル（概念図）

　図7-4は、図4-4に示したWeb-APIによるIoTマクロ構造モデルをもとに、モノ（Thing）を動かすアプリケーション・ソフトウエアとモノとの関係を描いています。第4章で述べたように、アプリケーションからのモノへの動作・制御命令は、Web-APIを介して翻訳されアクチュエーター等に届けられます。ここで、Web-APIはAPI部（アプリケーション・プログラミング・インターフェース部）と、Thingsドライバとも呼ぶべき

機器用インターフェース部から成り立っています。Thingsドライバは、モノ（Things）の製造者（メーカー）が作成し提供します。いわば、図4-4のAPI部とThingsドライバとの間に、APIの提供者とモノの製造者（メーカー）との間の責任分界面があるわけです。

図7-4でのアプリケーションからモノへの動作・制御命令は、①→②→③→④のルートで届けられます。

世代管理問題とは、このルートのいずれかに支障が起きて「断線する」ことです。支障が起こる原因には、いくつかの可能性のケースが考えられます。

<ケース１：APIが使用できなくなる可能性>

これは、図7-4の構造におけるルート①が途絶する事態を指し、図7-5のように描けます。

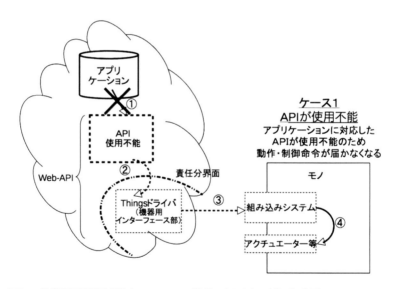

図7-5　世代管理問題発生様態ケース１：APIが使用できなくなる事態（概念図）

図7-5のようにAPIが利用できない事態は、

・APIの改訂またはアプリケーション・ソフトウエアの改訂によって、双方のつながりに不整合が起きる場合

に発生すると考えられます。また、

・アプリケーション・ソフトウエアを用いてサービスを提供しようとする事業者と、APIを提供し、維持管理する組織との間で利害対立が生じ、APIが公開されない、または、APIが発行されないために、モノに動作・制御命令が届かなくなる場合

にも起こると考えられます。

＜ケース２：Thingsドライバの更新が滞る可能性＞

これは、図7-4の構造におけるルート②が途絶する事態を指し、図7-6のように描けます。

図7-6は、アプリケーション、またはAPIのバージョンアップにあわせて、Thingsドライバが更新されないために不整合が生じ、動作・制御命令が届かなくなる事態を表しています。次のような場合に、こうした事態が生じると考えられます。

a. モノの製造者（メーカー）にとって、Thingsドライバの更新が重荷になり、その更新を止めてしまう（たとえば、10年以上に前に出荷したモノのThingsドライバの更新を停止してしまう）場合

b. モノの製造者（メーカー）が廃業、事業撤退する場合。あるいは、モノの製造者（メーカー）が、外部のアプリケーション・ソフトウエアに操作されて起きたトラブルに懲りて、Thingsドライバを撤去

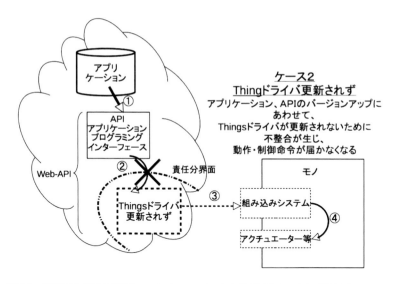

図7-6　世代管理問題発生様態ケース２：Thingsドライバが更新されない事態（概念図）

してしまう場合

＜ケース３：組み込みシステムが新たな種類の動作・制御命令に対応できない可能性＞

　これは、図7-4の構造におけるルート③が途絶する事態を指し、図7-7のように描けます。

　サービスを高度化、多様化、深化させていくニーズに対応し、アプリケーション・ソフトウエアの動作・制御命令も高度化、多様化していくことは十分に考えられます。しかし、仮に、図7-4の①→②→③のルートで新種の動作・制御命令がWeb-APIで変換されてきても、組み込みシステムのプログラムがその命令に呼応できる論理構造を持っていないと、③で「断線」してしまいます。また、アプリケーション・ソフトウエアのプログラマーが新たな動作・制御命令を書き加えても、その動作・制御命令に対して、そのプログラマーからは見えない制約条件が組み込みシ

第7章　生活用IoTの普及を阻む技術的課題とその克服策　｜　171

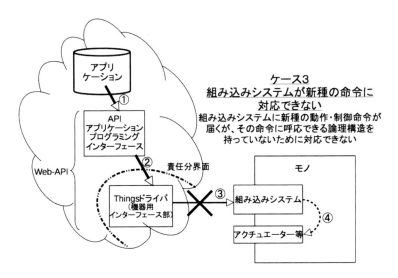

図7-7　世代管理問題発生様態ケース３：組み込みシステムが新たな種類の動作・制御命令に対応できない可能性（概念図）

ステムに設定されている場合、モノのほうは、うんともすんとも動作しないこともあり得ます。こうした「見えざる」制約条件は、外部のアプリケーションのプログラマーからは知り得ないような、モノ作りのノウハウにかかわる場合もあります。当然ことながら、モノの製造者（メーカー）は公開に消極的ですから、生活用IoTを進展させたい立場にとっては、この見えざる制約条件は厄介です。

＜ケース４：新種の命令に対応できる物理的機構が存在しない可能性＞

　これは、図7-4の構造におけるルート④が途絶する事態を指し、図7-8のように描けます。

　図7-8で、①→②→③→④のルートをたどって、アプリケーションの更新による新種の動作・制御命令を届けようとしても、そもそもその命令を動作に変換するアクチュエーター等の物理的機構がモノに存在しなければ、④で「断線」してしまい、モノは動作しようがありません。

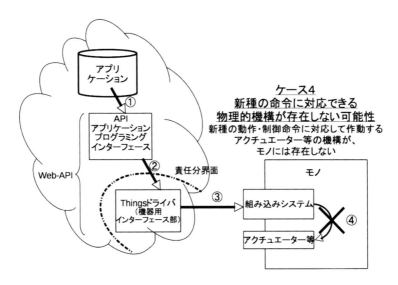

図7-8 世代管理問題発生様態ケース4：新種の命令に対応できる物理的機構が存在しない可能性（概念図）

たとえば、手動でしか再起動できないように物理的機構が作られている機器に、再起動や間欠運転の動作・制御命令が新たに届いても、動きようがないわけです。

7-4　では、いかにして世代管理問題に対処するか

では、世代管理問題をどうしたら解決できるのでしょうか。前節で説明した発生様態、ケース1〜4それぞれについて考えてみましょう。

（1）ケース1：APIが使用できなくなる可能性への対処

アプリケーション・ソフトウエアの改訂、またはAPIの改訂によって、双方のつながりに不整合が起きて「断線」する事態（図7-5）を防ぐには、APIの品質安定性、普遍性を高めていかねばなりません。ここでいう品質安定性とは、さまざまな言語で書かれたアプリケーション・ソフトウ

エアに対して、APIが長期間にわたって安定的につなぎ役としての役割をはたしていくことを指します。また、普遍性とは、世の中の多くの人・組織がそのAPIをつなぎのための約束事として尊重し使っているという意味です。仮に、多種多様なAPIが林立し、群雄割拠してしまうと、アプリケーション・プログラムを奉じるサービス事業者としては、どのAPIを参照すればよいのか困ってしまいます。

こうした意味での品質安定性と普遍性とを高めるためには、生活用IoTにとって、デファクト・スタンダードとなりうるAPIを確立していく必要があります。そして、デファクト・スタンダードとなったAPIの提供者・維持管理者には、品質安定性、普遍性を維持するために、対策を施すことが求められます。

また、アプリケーション・ソフトウエアを用いてサービスを提供しようとする事業者と、APIを提供し維持管理する組織（API提供組織）との間で利害対立が生じて、図7-5の「断線」が起こる事態を防ぐには、API提供組織の中立性を高めていくことが重要です。仮に、API提供組織が特定の事業者の利害に影響する組織となってしまうと、アプリケーション・ソフトウエアを奉ずる事業者に対して、恣意的にAPIを公開・発行しなくなってしまう恐れがあります。特定の事業者に偏しないAPIの運用ができる中立性を持つ維持管理組織を構築しなければなりません。

（2）ケース２：Thingsドライバの更新が滞る可能性への対処

前述のように、Thingsドライバの更新が滞るのには、三つの場合が想定されます。各場合に対しては、次のような対処方法が考えられます。

＜a. Thingsドライバの更新が重荷になることへの対処＞

モノの製造者（メーカー）にとって、Thingsドライバの更新が重荷になれば、その更新を止めてしまう場合があります。それを防ぐには、更新の負担が重たくならない工夫をしておく措置が必要です。

たとえば、図7-9に示すように、モノを動作させるために、Thingsドライバから組み込みシステムに送る制御情報パラメーターのセットを変更せずにすむような設計にしておけば、Thingsドライバの更新は通信にかかわる部分だけに限定できます。

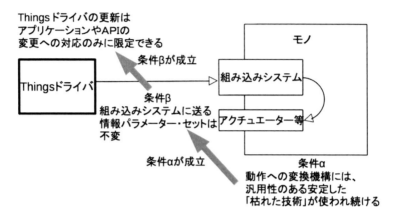

図7-9　「枯れた技術」を用いることで、Thingsドライバの更新範囲を限定する（概念図）

　図7-9においては、組み込みシステムの制御命令をモノの動きに変換する機構（アクチュエーター等）には、すでに確立し、今後も使われ続けると考えられる汎用的で安定した技術（枯れた技術）が用いられています。図7-9中の条件 α が成立しているわけです。その条件 α のもとでは、組み込みシステムに送る必要のある制御情報パラメーター・セットは変わらない、という条件 β も成立します。もし条件 β が成立するならば、Thingsドライバの更新は、アプリケーションやAPIの変更への対応のみに限定できることが期待できます。

　モノは使用していけば劣化し、アクチュエーター等のハードウエアも交換する必要性があります。交換したアクチュエーターが従前とまったく異なる種類の製品であれば、条件 α は必ずしも成立しなくなります。もし成立しないと、Thingsドライバが送る制御情報パラメーター・セッ

トも替えねばならず、Things ドライバが大幅な変更に迫られる可能性は
高まると考えられます。こうした変更をしなくてもすむようにするため
の「枯れた技術」の適用なのです。

＜b．モノの製造者（メーカー）の廃業、事業撤退への対処＞

　モノの製造者（メーカー）が廃業、事業撤退することによって、Things
ドライバの更新が停止してしまうことは、消費者の立場では、ならば事
業継続できる高い体力のある企業が製造するモノしか買えない、という
ことになります。また、知名度のない企業、中小企業がモノ作り分野に
参入しづらくなることになる恐れもあります。そうなっては、市場競争
を鈍化させ、一般消費者にも不利益が及びます。

　こうした事態に至ることを防ぐには、モノの製造者（メーカー）が、
継続性と社会的信用性の高い組織に、Things ドライバの更新を委託する
仕組みを確立し導入することも考えられます。ただし、継続性と社会的
信用性の高い組織であっても、モノの製造物責任まで引き受けることは
できません。あくまで、Things ドライバの更新が、アプリケーションや
APIの変更への対応のみに限定できる場合にみに限られます。すなわち、
「枯れた技術」を用いて、図7-9に示す条件が成立していることが、Things
ドライバの更新の外部委託の前提となります。

　受託組織は、委託契約にもとづき、契約期間中、APIの更新などThings
ドライバを取り巻く情報通信環境の変化に対応して更新を続けます。こ
のような外部委託の仕組みが確立し運用されれば、製造者（メーカー）
は、第三者への持続性のある外部委託の仕組みに加入していることを明
示しつつモノを販売できますので、新たなモノ作りへの参入障壁が高ま
るのを防ぐことが期待できます。

＜c．外部からの制御によるトラブルに懲りている場合への対処＞

　モノの製造者（メーカー）が、外部のアプリケーション・ソフトウェ

アに操作されて起きたトラブルに懲りて、Thingsドライバを撤去してしまう事態の発生を減らすには、生活用IoTの市場を大きくするしかありません。市場が小さいうちは、外部のアプリケーション・ソフトウエアによって自社製品が勝手に操作され、責任だけ自分たちに負わされてしまうという心配・懸念ばかりが先行してしまいます。むしろ、スマートフォンがそうであるように、外部のアプリケーションでも使用できるようになるからこそ、自社製品の販売機会が拡大していくという期待を企業が持つ状況を創り上げていくしか、Thingsドライバの撤去を抑止する方法はないと思われます。企業にとって魅力的な生活用IoT市場を形成していくことによって、外部のアプリケーションに制御されるリスクよりも、モノの製造者が得られる機会・便益のほうが大きく感じられる環境を作る必要があります。

　それには、モノの製造者（メーカー）の基本認識（マインド・セット）を変革することも有効でしょう。生活用IoTが進展していけば、図2-9に示したように、モノ売り型ビジネスから（プロダクト・プロバイダー）、サービス（使用価値）売り型ビジネス（サービス・プロバイダー）に移行していきます。それは、モノの製造者（メーカー）にとって、新たなビジネス機会を生むことになるでしょう。その機会が大きく魅力であると思えるならば、マインド・セットの変革は進みます。Thingsドライバの更新を含むモノのライフサイクルへの責任ある関与（commitment）が、重荷であるというよりも、サービス価値の比較優位性を生み出す源泉として理解されるようになることが期待されます。

（3）ケース3：組み込みシステムが新たな種類の動作・制御命令に対応できない可能性への対処
＜論理構造の相違を共通認識する情報交換の仕組みの構築＞
　まず、組み込みシステムが、アプリケーション・ソフトウエアからの新たな種類の動作・制御命令に呼応できる論理構造を持っていないこと、

あるいは「見えざる」制約条件の存在が認識できることが対処の大前提になります。さもなければ、アプリケーション・ソフトウエアの書き手は、新しく付加された動作・制御命令に対してモノが動かない事態に当惑し、あれこれ原因を探求しなければならなくなります。

　組み込みシステムの論理構造や「見えざる」制約条件に、モノの製造者（メーカー）としては開示したくないノウハウが詰まっているにせよ、アプリケーションをバージョンアップしたらモノが動かない事態が生じることは、エンドユーザーの不興を買い、モノの商品イメージは傷つきます。

　こうした大局的観点に立って、アプリケーション・ソフトウエアの書き手と、組み込みシステムの書き手との間でコミュニケーションできる仕組みを構築することがケース3への対処の第一歩になると思われます。

＜組み込みシステムの更新＞

　仮に、論理構造の相違や、「見えざる」制約条件の設定が、アプリケーションを奉じるサービス事業者、モノの製造者双方にとって不合理であると共通認識された場合は、アプリケーション・ソフトウエアの更新に合わせて、組み込みシステムも更新することになります。では、どのようにして、組み込みシステムを更新すればよいのでしょうか。次のように三種の方策が考えられます。

a. 仮に、モノへの組み込みシステムが、そのモノの製造者（メーカー）のプライベート・クラウド等を介してネットワークにつながっている場合は、モノの製造者の責任において組み込みシステムを更新します。

b. モノの製造者（メーカー）が認証するアプリケーション・ソフトウエアの事業者が、図5-5の概念図の枠組みで、ネットワークを介して組み込みシステムを更新することもあります（ただし、その場合

は、モノの製造者と、アプリケーション事業者との間で責任分担に
関する合意が必要になります）。

c. 仮に、モノがモジュラー化（詳しくは後述、図7-10を参照）によ
り設計されており、組み込みシステムのハードウエア部分が独立し
た一部品（モジュール）にまとめられ、カートリッジ式に交換可能
な場合、モノの製造者（メーカー）の責任においてその部品を交換
することにより、組み込みシステムを更新することも考えられます
（モノのエンドユーザーと製造者との間での連絡がつくことが前提に
なります）。

　三番目の方策は現実的ではないと感じる人も少なくないと思います。
確かに三つの方策の中で、最も手間のかかる方法です。ただ、組み込み
システムを交換しないと、給湯器が作動せず、自宅でお湯が使えない、
などという切実な事態が起こるのであれば、多少手間がかかっても組み
込みシステムを更新することになるでしょう。

（4）ケース４：新種の命令に対応できる物理的機構が存在しない可能性への対処

　アプリケーション・ソフトウエアからの新たな種類の動作・制御命令
を実際の動作に変換する物理的機構が存在しないために、図7-8の④で
「断線」してしまう場合、理屈上は、新種の命令に動作できるアクチュ
エーター等の物理的機構をモノに付加すれば対処できます。

　しかし、アクチュエーター等の物理的機構がカートリッジ式に交換で
きる部品・機能構成になっている場合を除けば、一般的には、このよう
な機構の付加は容易ではないと思われます。いい換えれば、ケース４へ
の対処には、モノの製造者から見れば、モノの構成（アーキテクチャー）
の設計そのものを見直すこと、あるいは、エンドユーザーから見ればモ
ノを買い換えることまでも視野に入れざるを得ないと思われます。

(5) どのようなモノ作り思想が世代管理問題に対処しやすいか

　以上、世代管理問題の発生様態別に、現時点で考え得る対処方針について整理してみました。

　モノ作りをする製造者（メーカー）の立場から見ると、自ら作ったモノが将来いかなるIoTのアプリケーションによって、どのような動作・制御がなされるのかは予想がつきません。まして、バージョンアップや、通信方法の変更によって、そのアプリケーションからどのような動作・制御命令が出されるかは、五里霧中ということになるでしょう。

　重要なことは、将来に不確実性があれば、何らかの不測の事象が起きた際に対応できる適応性（adaptability）を高めていくモノ作りの考え方を構築していくことです。それでは、世代管理問題へ対処していく適応性を高めるモノ作りの考え方とはいかなるものでしょうか。

　そのキーワードは、モノそのもの、およびその組み込みシステムのモジュラー化です。ここでモジュラー化とは、複雑な人工物（モノ、ソフトウエア等）を、独立した機能を独立して担ったモジュール（部品）の集合としてとらえ、それぞれのモジュールは他と調整することなく並行して設計製造できるようにすることを指します。いい換えれば、図7-10の概念図に示すように、人工物の多くの部分をレゴブロックのように独立したモジュールの組み合わせとして構成する考え方です。

　第2章で例示した自作パソコンは、CPU、マザーボード、メモリ、ハードディスク、VGA、DVDドライブ、PCケース、電源ユニットというそれぞれ独立した機能を担うモジュール（部品）から成り立っています。

　モノそのもの、および組み込みシステムが、モジュラー化されていれば、アプリケーション・ソフトウエアのバージョンアップに伴い、改変しなければならない範囲を限定できます。

　モノそのものの構成部品の中には、劣化・損耗・陳腐化の早い部品と、緩やかな部品があります。劣化・損耗・陳腐化のスピードに合わせ、部品をまとめてモジュールとして構成しておけば、劣化・損耗・陳腐化し

180　　第7章　生活用IoTの普及を阻む技術的課題とその克服策

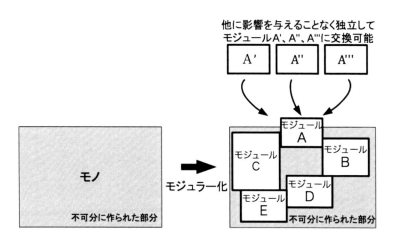

図7-10 人工物のモジュラー化による改変性、適応性の向上（概念図）

たモジュールだけを交換するだけで機能の維持・向上ができます。

　まず、モノそのもののライフサイクル管理あっての、IoTの世代管理ですので、モノそのもののモジュラー化は重要です。そして、モノそのものがモジュラー化して設計されていれば、組み込みシステムのハードウエア部分であるCPUなども、独立した一部品（モジュール）として設計されることになり、CPU搭載のモジュールの交換により、他のモノを替えることなく組み込みシステムを更新することが可能と考えられます。そうすれば、ケース3において組み込みシステム更新の三番目の方策として示した、組み込みシステムを搭載した部品をカートリッジ式で更新する方法も容易になってきます。

　また、ソフトウエアであるThingsドライバや、組み込みシステムがモジュラー化されていれば、大きな改変をしなくとも、アプリケーションの更新に対応していけると考えられます。たとえば、Thingsドライバも通信機能にかかわる階層（モジュール）と、モノ固有のOSに翻訳する階層（モジュール）とが明確に分けられて設計されていれば、アプリケーションや、APIの更新への対応の負担を軽減させることが期待できます

（たとえば図7-9）。あるいは、組み込みシステムのソフトウエアの内部構造がモジュラー化されていれば、仮に、改訂されたアプリケーションから、組み込みシステム側には論理構造の存在しない命令が発せられる事態（ケース3）が生じても、論理構造の付加・修正もやりやすくなり、組み込みシステムの更新も比較的容易になると予想できます。

さらには、モノそのものに新たな動作・制御命令に対応できるアクチュエーターなどの物理的機構が存在しないケース4の場合、一般的にはそれらの新機構を物理的に加えることは難しいと述べました。しかし、モノそのものがモジュラー化により設計されていれば、一部モジュラーの交換で、新種の命令に対応可能なアクチュエーター等の物理的機構をカートリッジ式に付加できる場合も出てくると思われます。

このように、組み込みシステムを含めて、ライフサイクル管理の観点から、モノをモジュラー化して設計しておけば、生活用IoTにおける世代管理問題に対応するための適応性（adaptability）を高められると考えられます。

（6）機能維持のための附言

アプリケーション・ソフトウエアの改訂で新たな種類の動作・制御命令が盛り込まれたことによって、モノがうんともすんともいわずに動かなくなるのは、ユーザーにとっては受け入れがたいことです。

モノが新たな種類の動作・制御命令に対応できないとしても、少なくとも従来の命令には正常に作動できる構造および論理をアプリケーション・ソフトウエア、Thingsドライバ、組み込みシステムの各階層に盛り込み、従前機能の保全を図る措置も大事なことです。残念ながら筆者は、こうした保全方策に関する具体的な見識を持ってはいませんが、生活用IoTにかかわる世代管理問題の解決・緩和にとって重要な課題であることを、本章末に附言しておきたいと思います。

第8章　生活用IoTの普及を阻む組織的課題とその対策

　本書では、生活用IoT（Domestic Internet of Things）の健全な発展は、私たちの生活に豊益潤福（豊かさ、便益、潤い、至福）をもたらすことになるという立場に立って、その方策について、モノ（Things）の視点から考え、解説してきました。

　第2章、第3章において、生活用IoTでは、その場その場の成り行きに合わせて、「ひとまとまりの価値」を生むモノのつながりを構成し運営していく、ローカル・インテグレーターというシステムが必要であることを述べました。

　第4章では、モノ同士の普遍的なつながりを保証するには、Web-APIによって複数種の通信プロトコルや通信手段をまたがって使用可能とする仕組みを構築することが必要である、と説明しました。

　第5章、第6章では、モノのつながりの形成の前提となる、技術的シーズの発展、製品設計思想のパラダイム転換、多種多様な役者（組織・人）のつながりを誘発・進展させる仕組みが重要な点を解説しました。

　第7章では、生活用IoTの普及を阻害する外的脅威問題と世代管理問題を解決・緩和する技術的方策について説明しました。それらの方策には、「関所システム」などの新たな仕組みや新たな役割の構築も含まれています。

　以上のように、生活用IoTを発展させ普及させていく新たな仕組みや役割が有効に機能するには、その仕組みや役割を担う新たな組織立てが不可欠です。もし、担い手となる新たな組織立てができなければ、生活用IoTの健全な発展と普及は阻まれてしまいます。

組織とは人が成すものであり、もしその構成員がバラバラなことを考えていたとしたら、新たな組織を構築することは難しいし、無理に作っても機能しません。関係者が共有できる組織立てに関するビジョンがあってこそ、包括的で実効性のある組織立てをしていけます。

　ここでいう組織立てにかかわるビジョンとは、

> 生活用IoTを発展・普及させていく新たな仕組みや役割が有効に機能していくために、どのような組織が、どのような役割と責任を担い、連携すればよいのかに関する構想

を指します。

　実は、本書を執筆する時点では、生活用IoTを発展・普及させていく組織立てついての議論がようやく始まったという状況で、各組織の役割・責任分担や組織間連携に関する合意（コンセンサス）は未成立で、曖昧模糊としています。

　こうした状況を踏まえ、本章では、まず、組織立てにかかわるビジョンが未成熟のままであると「負のスパイラル」とも呼ぶべき状況が生じてしまい、生活用IoTの普及を阻んでしまう恐れがある点を説明します。そのうえで、こうした恐れを回避し、生活用IoTの健全な発展と普及に結び付けていくためには、どのような組織立てに関するビジョンを打ち立て、どのように実現をしていけばよいのかを考えていきます。

8-1　ビジョンの未成熟が生む「負のスパイラル」

　関係者間で共有できるビジョンが未成熟であると、なぜ、生活用IoTの発展普及を阻害していく恐れがあるのかを説明していきます。

　図8-1は、その問題構造を、モノ（Things）の製造者の意識構造に焦点をあてて表しています。

　図8-1の真ん中には「共有ビジョン未成熟：各組織の役割・責任分担および組織間連携に関するコンセンサス未成立」という円弧が描かれてい

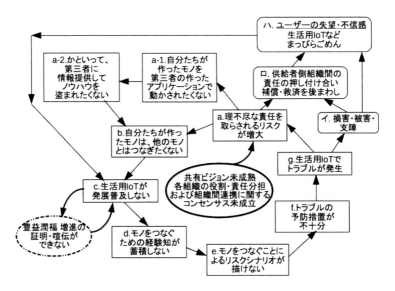

図 8-1 ビジョンの未成熟が生み出す負のスパイラル：モノ（Things）の製造者の視点から見た事象群の負の連鎖

ます。

　仮に共有ビジョン未成熟の状態が放置されると、どのようなことが起こるのでしょうか。

　生活用 IoT を用いてサービスを提供しているモノが働かなくなってしまった場合を例に考えてみましょう。

（1）理不尽な責任を取らされるリスクへの不満（図8-1a.）

「g.生活用 IoT でトラブルが発生（図8-1）」すると「イ.損害・被害・支障」が生じます。当然のことながら、ユーザーは生活上の支障を解消し、損害・被害を補償してほしいと願うことになります。ただし、モノが働かなくなるなどの生活用 IoT のトラブルの原因としては、

　・モノそのものの故障・不具合

・ネットワークへのつながりの悪さ

　・アプリケーション・ソフトウエアの不具合

などが考えられ、必ずしも直観的にすぐわかるものではありません。た
だ、少なからざる人々は、モノが働かなくなってしまったとすれば、まず
モノそのものの故障・不具合を疑い、コール・センターなどモノの製造
者（メーカー）の受付窓口に連絡を取るのではないか、と想像されます。
　モノの製造者から見れば、モノが生活用IoTに組み込まれた結果、不
具合・苦情受付件数が急に増える可能性も考えられます。モノの製造者
にとってみれば、たまったものではありません。自分たちはまじめにモ
ノ作りをし、品質向上させてきたのに、「なぜなんだ！」といいたい心境
になるかもしれません。しかし、無視するわけにもいかず、修理に行っ
てみれば、実は、ネットワークとのつながりが悪いためであったり、モ
ノを動かしている外部のアプリケーションの不具合が原因であったり、
ということもあり得ます。
　このような状況は、モノの製造者から見れば、図8-1の「a.理不尽な責
任を取らされるリスクが増大」という事態に陥っていることになります。
これは「各組織の役割・責任分担および組織間連携に関するコンセンサ
ス未成立」であるためといってよいでしょう。たとえば、モノそのもの
の不具合はその製造者が責任を持つのは当然として、ネットワークへの
つながりの悪さ、アプリケーション・ソフトウエアの不具合については、
それぞれの供給者が責任を持つことが関係者間で明確に合意されていれ
ば、モノの製造者としては、理不尽な責任を取らされるリスクは軽減さ
れたとも理解できるでしょう。
　ただし、アプリケーション・ソフトウエアについては、供給者を特定
できますが、「ネットワークのつながり」の供給者は不明確です。ネット
ワークのハードウエア、ソフトウエアの供給者は特定できますが、それ
らの供給者は、住宅の宅内ネットワークの性能や、そのネットワークと

個々のモノとのつながりまでを保証しているわけではありません。読者の方々も、マニュアル通りに設定しているのに、パソコン、プリンターなどの機種がネットワークにつながらず、いらついたご経験をお持ちだと思います。事業所ならいざ知らず、住宅など生活用IoTの対象となる暮らしの場では、「ネットワークへのつながり」をサービスとして提供する主体は必ずしもおらず、ユーザー自らがあれこれ苦労をしている領域です。

　モノとアプリケーションの供給者の間で責任を切り分ける（＝責任の分界点を決める）ことは可能であると思われます。しかし、ネットワークへのつながりについては、そもそも、その供給主体がはっきりしないために、責任を切り分けられそうにありません。

　供給主体が不明確なままでは、役割・責任の分担や連携について取り決めようもなく、「a.理不尽な責任を取らされるリスク」を軽減することはできません。

(2) ユーザーの失望・不信感の高まり（図8-1ロ.、ハ.）

　前述のように、モノとアプリケーションの供給者との間で責任を切り分けることは理屈のうえでは可能です。しかし、原因が特定されるまで、支障・損害を抱えているユーザーが、モノの製造者、アプリケーションの供給者の間を、たらいまわしにされる可能性はあります。どこに問い合わせをしても「当組織の責任ではない」と責任の所在が不明になるのは、ユーザーにとって不愉快きわまりない体験です。最終的に、現状復帰や補償をしてくれればよいわけではすみません。

　まして、「ネットワークへのつながり」を原因とする不具合が起きた場合、その責任主体がいない、あるいは曖昧であることをいいことに、ユーザーから見れば、供給者側組織間で責任の押し付け合いをしているような状況に陥ることも考えられます。

　図8-1でいえば、「ロ．供給者側組織間の責任の押し付け合い、補償・

救済の後まわし」の事態に至ることになります。こうした供給者側組織間の非難の連鎖はユーザーの気持ちを白けさせ、やがては、生活用IoTにかかわる社会的問題や、市民の忌避を引き起こすでしょう。そうなれば、図8-1の「ハ．ユーザーの失望・不信感：生活用IoTなどまっぴらごめん」という状況に陥ることが危惧されます。こうなると、被害を受けたユーザーのみならず、一般市民の生活用IoTへの忌避感情も高まって、図8-1でいう「c.生活用IoTが発展普及しない」に至ってしまう可能性が高まってしまいます。

（3）モノが第三者のアプリケーションで動かされることへの不安（図8-1a-1.）

　一方、「a.理不尽な責任を取らされるリスクが増大」することは、モノの作り手の発想や考え方にどのような影響を与えるのでしょうか。

　日本の製造業における品質管理は厳格で、それが国際競争力を支えてきたともいわれています。その結果、自分たちが設計製造したモノに不具合が発生してはならないという気質、組織文化が築かれてきたと思われます。この気質、組織文化こそが、メイド・イン・ジャパンに対する国際的信用を形成してきました。いまなお、総じて日本人が明日の衣食住を心配しないでいられるのは、私たちの親世代・祖父母の世代が血の滲むような努力で作り上げてきた、その信用・信頼に寄りかかっているといっても過言ではありません。

　こうした気質や、組織文化を担っている人々からみると、「a.理不尽な責任を取らされるリスクが増大」する事態は耐え難いことです。しかもその原因が、品質・性能を磨き上げてきた自分たちのモノ（製品）自体ではなく、顔の見えない第三者が作ったアプリケーション・ソフトウエアにあるとなれば、「悪いのは自分たちではない。いいかげんなアプリケーションのせいだ」と叫びたくなる気持ちになったとしても不思議ではありません。そうなると、第三者の作成したアプリケーション・ソフ

トウエアによって動作・制御される機会があること自体悪いのだという考えが広がるかもしれません。これが、図8-1で「a-1.自分たちが作ったモノを第三者の作ったアプリケーションで動かされたくない」とモノの製造者が考えるに至る状況です。

（4）第三者に情報提供してノウハウを盗まれたくない（図8-1a-2.）

　もちろん、ただ忌避するのではなく、むしろ第三者のアプリケーションによる不具合を能動的に防止しよう、と発想する人もいると思います。具体的には、動作・制御にあたっての留意事項を、何らかの方法でアプリケーション・ソフトウエアを作る人々に情報提供することが考えられます。とはいうものの、組み込みシステムには、目に見えない種々のノウハウが詰まっており、やみくもに情報提供すると、製造者が培ってきた大事な知識やノウハウが流出する恐れも高まることになります。

　これが図8-1でいう「a-2.かといって、第三者に情報提供してノウハウを盗まれたくない」とモノの製造者が考える状況です。モノの製造者の発想がこうした考えに傾けば、結局、図8-1の「b.自分たちが作ったモノは、他のモノとはつなぎたくない」という心情に陥り、ひいては、「c.生活用IoTが発展普及しない」という状況を生んでしまいます。

（5）経験知の乏しさがさらにリスクを高める（図8-1c.～g.）

　以上説明したように、組織立て（各組織の役割・責任分担および組織間連携）に関する共有ビジョンが未成熟であると、ユーザーの心情からしても、また、モノの製造者（メーカー）から見ても、図8-1の「c.生活用IoTが発展普及しない」状況に帰着する方向にマインドが向かってしまう恐れがあります。

　そしてもし、生活用IoTが発展普及せずにその実績例が積み上がってこないと、図8-1に示すように、「d.モノをつなぐための経験知が蓄積しない」ことになり、さらには、「e.モノをつなぐことによるリスクシナリ

オが描けない」ことに至ると考えられます。

　というのは、人や社会は、新技術やシステムに対して思わぬ反応や行動を示し、そのすべてを事前に予想することはおよそ困難だからです。むしろ、その思わぬ反応や行動から学び、技術やシステムを改良していくプロセス、すなわち、実践しながら学んでいく（learning by doing）繰り返しプロセスは、技術が健全に発展し普及していくにはとても大事なのです。生活用IoTとて例外ではありません。特に、使ってみて起こる事象を観察し、不具合や不便から学び取るヒントは重要です。

　企画している生活用IoTについて、こうした実践しながらの学びが不十分であると、「e.モノをつなぐことによるリスクシナリオが描けない」ことになります。シナリオが描けなければ、適切な対策も立てられません。結果的に「f.トラブルの予防措置が不十分」となり、「g.生活用IoTでトラブルが発生」しやすくなってしまいます。

（6）負のスパイラル

「g.生活用IoTでトラブルが発生」する件数、頻度が高まれば、さらに、図8-1に描いた循環的プロセスは繰り返されます。これでは、ユーザーは生活用IoTに対してますます否定的となり、モノの製造者も消極的になると想像されます。これは、あるネガティブ事象が、別のネガティブな事象を呼び込み、負の事象が連なるという、いわゆる「負のスパイラル」が起こるわけです。

　組織立てに関する共有ビジョンが未成熟である限り、図8-1に示す負のスパイラルから抜け出せず、この国で生活用IoTが発展していかないことが危惧されます。

　一方海外からは、さまざまな生活用IoTの導入が試みられている情報が伝わってきます。そのすべてが成功してイノベーションになるわけではありません。しかし、実践からの学びが蓄積し、いろいろな技術やシステムを練り上げられていくことは確かです。やがて、その実践知の蓄

積の中からイノベーションの成功例も現れるでしょう。また、その練り上げられた技術やシステムは我が国にも導入され、席捲していくかもしれません。

「IoT、IoT」と喧伝されながら、図8-1の負のスパイラルにはまってしまうことになれば、我が国の企業・産業は、地球規模での競争から劣後する恐れがあるといっても過言ではありません。単品では国際市場で競争力のあるモノを生産製造している産業も、複数種のモノがつながり、「ひとまとまりの価値」が創出される市場環境のもとで、その単品が持っている比較優位性は失われる可能性もあります。いい換えれば、生活用IoTがもたらす破壊的イノベーション（Disruptive Innovation）によって日本の企業・産業が地歩を失う可能性があるのです。

　天然資源の乏しいこの国の企業・産業の競争力が低下したり、地歩を失うことは、やがて私たちの生活水準を脅かしていくことになります。このことを考えると、負のスパイラルに陥って生活用IoTの発展普及が阻まれることは、生活者が豊益潤福を増進させる機会の損失という観点からだけではなく、我が国の産業競争力を維持向上させる観点からも、何としても避けたいところです。

8-2　では、いかなるビジョンを共有すべきなのか

　では、どのようなビジョンを共有して、どのような組織立てをすれば、負のスパイラルにはまることなく、生活用IoTを発展普及させていくことができるのでしょうか。

　まず、第2章から第7章までに述べてきた、生活用IoTを稼働させる仕組みを復習しておきましょう。

　図8-2は、第2章から第7章までに述べてきた仕組みを情報の流れに着目して描いたものです。ここでは、モノとアプリケーションとの間に、ローカル・インテグレーター（第2章、第3章）、Web-API（第4章）、関

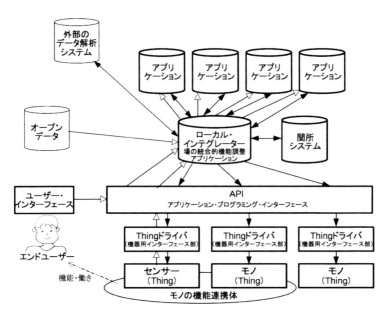

図8-2　情報の流れから見た生活用IoTを稼働させる仕組み・概念図

所システム（第7章）で構成される仮想的なレイヤーが設けられています。この仮想的なレイヤーは、住宅など日常生活の場にあるモノと、多種多様なアプリケーションとを、普遍的、多重的、円滑かつ安全につなげる環境を提供しています。

　ユーザー・インターフェースやセンサーから集められたデータ、またオープンデータは、ローカル・インテグレーター（図2-10）に送られ、場合によっては外部のデータ解析システムの支援を受けつつ、場の状況が解析され、場としての相互機能調整が行われたうえで、情報がアプリケーションに送られます。これをもとに、モノへの動作・制御命令がアプリケーションから発せられます。このモノへの命令の内容は、組み合わせ不全などの問題を生じないかを関所システム（図7-3）でチェックを受けたうえで、ローカル・インテグレーターから、Web-APIの仕組み（図4-4）を介してモノに伝達されていきます。

この図8-2の仕組みが有効に機能していくには、その役割を担う組織が必要です。
　図8-3は、図8-2の仕組みを踏まえ、どのような組織がどのような役割と責任を担いつつ連携すればよいかというビジョンを、生活用IoTを適用する「場」のレベルで描いた概念図です。ここで、適用する「場」とは、住宅をはじめとする生活空間の中の特定の場を指し示します。

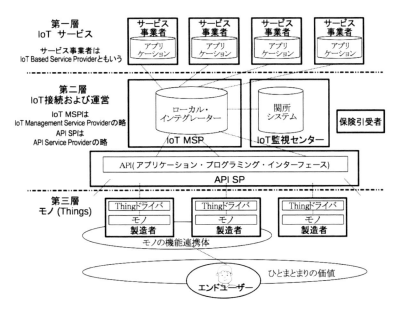

図8-3　生活用IoTを稼働させるための三階層の組織群（各「場」のレベルで見た概念図）

　図8-3は三階層に分かれています。
　一番上の第一層は、アプリケーション・ソフトウエアを介して、生活用IoTにより安眠サービス、見守りサービスなどの「ひとまとまりの価値」を提供するサービス事業者（IoT Based Service Provider）です。
　一番下の第三層は、モノ（Things）の製造者の階層です。
　第二層は、IoTにかかわる情報の流れのマネジメントを担う組織群で、

第8章　生活用IoTの普及を阻む組織的課題とその対策　│　193

IoTを介して、第一層のサービス事業者と、第三層のモノの製造者を関連付ける役割をはたします。

図8-3は、「負のスパイラル」の原因となる、各組織の役割・責任分担および組織間連携に関する曖昧さを取り除くことを念頭に、生活用IoTで起き得るトラブルについての、責任分担（責任分界点・面）のあり方も描いています。具体的には、生活用IoTのトラブルの原因であるアプリケーション・ソフトウエアの不具合は第一層の組織が、ネットワークへのつながりの悪さは第二層に属する組織が、モノそのものの故障・不具合は第三層の組織が担います。

第二層は、生活用IoTにおけるつながりの運営、すなわちローカル・インテグレーター（第2章、第3章）、関所システム（第7章）、Web-API（第4章）から成る仮想的なレイヤーの運営を担います。この運営がうまくいけば、第一層のさまざまなサービス事業者が競争しつつ、エンドユーザーの所有するモノ（Thing）に、普遍的、多重的、円滑かつ安全にアクセスする環境を提供できるようになります。

第二層は、次の四つの組織から構成されています。

a. IoT MSP（マネジメント・サービス・プロバイダー）
b. IoT監視センター
c. API SP（サービス・プロバイダー）
d. 保険引受者

以下、それぞれの組織の役割について説明していきます。

(1) IoT MSP

IoT MSP（マネジメント・サービス・プロバイダー）は、図8-2のローカル・インテグレーター、すなわち「場の統合的機能調整システム」の運用を担う組織です。その前提として、次のような情報を把握している

必要があります。

    a. モノの一覧（Inventory of Things）：その場に存在する生活用IoT
       の接続対象となるモノ（Things）のリスト

    b. 場のネットワーク系統：その場の（たとえば、住宅内の）モノと情
       報ネットワークとのつながり状況

    c. モノの空間配置：その場のモノの空間配置（住宅の平面図・断面図
       など）

　これらa.～c.の情報パッケージを、「場」の情報カルテと呼ぶことにします。IoT MSP（マネジメント・サービス・プロバイダー）は、「場」の情報カルテのコンテンツを把握しているがゆえに、不具合の原因が探索しやすい立場にあります。すなわち、仮に生活用IoTにつながるモノが動作しなくなった場合、

  ①　ネットワークへのつながりの悪さ
  ②　モノそのものの故障・不具合
  ③　アプリケーション・ソフトウエアの不具合

のいずれに起因するのかを特定するサービスの提供が可能です。①が原因である場合は、IoT MSPは責任を負い、自ら改善復旧を手掛けます。また、②、③が原因である場合は、ユーザーの代理人として、アプリケーションを奉じるサービス事業者や、モノの製造者に取り次ぐことになります。

　この不具合対応・取り次ぎサービスは、ローカル・インテグレーターの運用と並んで、IoT MSPの重要な役目になっていくと考えられます。となれば、IoT MSPは、ユーザーから見れば顔の見える存在となり、何か不具合があった際には、たらいまわしになる不愉快さを味わうことな

第8章　生活用IoTの普及を阻む組織的課題とその対策　195

く、改善を手伝ってくれる頼もしい存在にもなり得ます。そうなれば、図8-1で、「ロ. 供給者側組織間の責任を押し付け合い、補償・救済を後まわし」から「ハ. ユーザーの失望・不信感」に至る事態が起こることを防ぐ大事な役割をはたすでしょう。

社会全体で見れば、IoT MSP（マネジメント・サービス・プロバイダー）は、複数並び立ち、市場原理の中で競争することになります。競い合うことで、そのサービスや利用料金等が、ユーザーにとって魅力的になりつつ、顔の見える組織にもなっていくことは、きわめて好ましい状態です。

ただし、ローカル・インテグレーターという任務の性格上、一つの場（たとえば、住宅）に複数のIoT MSPが関与すれば混乱をもたらすと考えられます。一般に、一つの場には、単独のIoT MSPが対応することになります。「場」の情報カルテを構築する手間を考えると、いったん、特定のIoT MSPに仕事を委ねた場合、そう頻繁に交代できない性格がある点には、留意する必要があるでしょう。

(2) IoT監視センター

IoT監視センターは、図8-3に示すように関所システム（図7-3）を担います。IoT Safetyの提供者といってもよいでしょう。第7章で述べたように、関所システムは、不都合なつながりの組み合わせ、いい換えれば、リスクシナリオを貯めていき、日々学習（learning by doing）しながら、そのリスクシナリオを充実させていく役割をはたします。また、関所システムは、リスクシナリオをコンピューターが理解できる形式に翻訳すること、ローカル・インテグレーターからの動作・制御命令の適否を問う照会に対して、それが不都合や危害を生じないかを判断し、返答する役目も負います。もし、不都合や危害を生じると判断された場合は、動作・制御命令はモノに送信されません。

適否の判断は、

・あらゆる場合に（＝普遍的に）不都合や危害を生じるゆえに否とされる場合
・その「場」のそのときの状況を勘案すると否であると判断される場合

の二つがあります。それだけに、IoT監視センターは、その「場」（たとえば、ある住宅）で起こり得る不都合な状況も含めて管理していくことになります。

　理論的には、IoT監視センターは複数並び立ち得ますが、リスクシナリオの集積性を考えれば、あまりに多く林立すると、そのリスクシナリオの経験知の集積密度に支障が出る恐れもあります。IoT監視センターは、スケール・メリットを享受できる規模を備えた組織である必要があるでしょう。また、一つの「場」に対して複数種の関所サービスが働くと、そのこと自体が、不都合な組み合わせを生じてしまう恐れがあるので、一つの「場」には、一つのIoT監視センターが対応すべきと考えられます。

　なお、図8-3に示すように、IoT監視センターと直接的に接するのは、アプリケーションを介してIoTサービスを提供する事業者（IoT Based Service Provider）や、IoT MSPですので、エンドユーザーから見れば、IoT監視センターは黒子としてその役割をはたしているともいえます。

（3）API SP

　API SP（サービス・プロバイダー）は、IoTのためのAPI（アプリケーション・プログラミング・インターフェース）を供与することで、図8-3に示すようにアプリケーション・ソフトウエアと、モノの組み込みシステムとをつなぐサービスを提供します。いい換えれば、アプリケーションを奉ずるサービス事業者とモノの製造者とに対して、Web-APIへの接続サービスを提供します。

　現代社会では、モノ作りやサービスで事業拡大を図る企業が、自らが提供するプラットフォームに参加する連携先を増やすために、戦略的に

APIを公開・提供する事例が数多く見られます。

しかし、図8-3に位置付けられるAPI SPは、第一層に属するサービス事業者からも、第三層のモノの製造者からも、何らかの情報を得て、その処理をこなす位置にあり、情報流通の媒介に徹した存在です。自らのモノ作りやサービス事業のためのプラットフォームを拡張するために開放しているのではなく、異なる言語で書かれたプログラムをつなげる環境の提供を本務とする中間組織です。

それだけに、提供するAPIの使い勝手を含めた性能のよし悪しもさることながら、どのようにAPI SPという中間組織としての収入を得て、経営基盤を確保するのかについても一考を要します。

（4）保険引受者

生活用IoTで発生するリスクを対象とした保険を引き受ける者を指します。日本の保険業法では、事業者として保険契約における保険者となるには、保険会社などの一定の免許を有する者でなければなれません。ですから、ここでいう保険引受者は、日本では実質的には損害保険会社を指しています。

関所システムが機能すれば、不幸な組み合わせのつながり方により不具合や危害が生じるリスクは小さくなります。しかし、リスクを完全にゼロにすることは困難でしょう。というのは、次々とモノとアプリケーションとの組み合わせは生まれており、「関所システム」にストックしていくリスクシナリオがどうしても後追いになる場合も排除できないからです。関係者が最善の努力を払っても、IoT Safetyにかかわるリスクを完全には除去できない点を前提に善後策が用意されるべきです。

こうしたリスクをカバーし、エンドユーザーを保護する新たな保険商品が誕生すれば、図8-1における「ハ．ユーザーの失望・不信感：生活用IoTなどまっぴらごめん」という状況が生じることを回避できます。

その新たな保険商品（以下、「生活用IoT保険」と呼びます）は、エン

ドユーザーや第三者に損害が与えた場合の賠償責任も対象とすることが望まれます。いい換えれば、生活用IoTを用いることでの瑕疵保証責任に加え、生産物賠償責任も対象とすることが望まれます。このユーザーから見れば、あたかも無過失補償（注1）型保険にも見える保険が普及すれば、図8-1の「ロ．供給者側組織間の責任を押し付け合い、補償・救済を後まわし」という事態が避けられます。また、モノの製造者から見れば、図8-1の「a.理不尽な責任を取らされるリスク」に思い悩む必要がなくなります。生活用IoT保険の導入によって、図8-1の「負のスパイラル」の抑止が期待できます。

とはいっても、こうした生活用IoT保険の考え方は突飛で、現実的ではないと思う方がいるかもしれません。しかし、それは誤解です。実は、いまから40年前、その祖型となる消費者保護制度が住宅設備分野で作られ、運用されてきているのです。

一般社団法人ベターリビングは、キッチンシステム、ガス給湯機、浴室ユニット、サッシなどの住宅部品を対象に、優良住宅部品認定制度（BL制度）を運用してきました。1974年11月に4品目について第一回優良住宅部品（BL部品）認定が行われ、現在では52品目の住宅部品が対象となっています。同財団が優れた住宅部品として認定すると、「BLマーク証紙」がその部品に貼付され、消費者はその住宅部品が認定されているものと認識できます。このBLマーク証紙の貼られた部品は、優良住宅部品認定制度に付帯した「保証責任保険」と「賠償責任保険」の対象となっています。すなわち、このBL保険は、「瑕疵保証責任に加え、生産物賠償責任も対象とされており、引渡後にBL部品の瑕疵・欠陥に起因して、あるいは施工者等の施工等の瑕疵・欠陥に起因して第三者の身体・財物に損害を与えた場合の賠償責任も対象としており、製造物責任に限られるPL保険よりも、広範囲に認定企業等の責任をカバーして」（注2）いる保険です。

BL保険という制度が40年以上も運用されている実績も参考にしたう

第8章　生活用IoTの普及を阻む組織的課題とその対策　199

えで、生活用IoT保険が創設・運用されていくことが望まれます。

　ここで留意すべきことは、一般的には、過大なリスク、確率の予測できないリスクを保険会社は背負えない点です。また、保険の加入者にとって重い負担となる保険料を払わねばならないのでは、実現性に乏しいといわざるを得ません。BL保険は、「認定基準を満たした優良な住宅部品だけを対象にしていることや、多数の認定企業の優良住宅部品を一括して保険に加入していることから、保険料は瑕疵保証分も含めて比較的低廉なものになって」（注3）いるとのことです。

　この先例にならうならば、損害保険会社の立場からは、BL認定住宅部品のようにリスクを減らす努力をしているケースであれば検討の対象となるでしょうが、関所システムのチェックなしにサービスが提供されているケースは、とうてい保険の引き受けはできないと想像されます。となると、保険会社から見て、満足する水準の関所サービスの提供している（＝充実したリスクシナリオをストックし、継続的に充実改善している）IoT監視センターのチェックを受けているケースに限定し、保険を引き受けるという条件を前提とすることによって、生活用IoT保険は現実性を帯びてくると思われます。また、BLマーク証紙と同様に、関所システムのチェックを受けたIoTサービスであるのかを、エンドユーザーが識別できるようにすれば、図8-3に示したすべての組織が、生活用IoT保険料を、広く薄く直接・間接に負担していけるようになるでしょう。

　IoT MSP、IoT監視センターの項で、これらは理論的には複数並び立ち得ると解説しました。しかし、ローカル・インテグレーター、関所システムに関して、損害保険会社から見て、保険の引き受けられる業務パフォーマンスを発揮しているか否かが、それらの選別要因になる可能性はあります。それだけに、生活用IoT保険に関して損害保険会社がIoT MSP、IoT監視センターに対して提示する要求条件は、それらの市場における選別に大きな影響をもたらすかもしれません。特に、IoT監視センターのリスク管理については、相当なレベルの要求条件が出されると

想像されます。それだけに、IoT 監視センターが林立して、リスクシナリオのストックが希薄となるのはあまり得策ではないと思われます。むしろ、多くの人・組織がリスクやそのシナリオに関する経験知を寄せることによって、知識・情報の集約度を高めていける IoT 監視センターを設立する必要があると思われます。

（注1）加害者の存在の有無にかかわらず、被害者に対して補償すること。
（注2）http://bit.ly/2ln1Y0z によります（retrieved dated on 4 December）。
（注3）同上。

8-3　各「場」の集積に対応するグローバル組織のあり方

　以上、各「場」のレベルに視点をおいて、どのような組織がどのような役割と責任を担い、連携すれば、生活用 IoT を発展・普及させていく新たな仕組みや役割が有効に機能していくのか、そのあり方をビジョンとして描いてみました。

　では、各「場」の集積体である社会全体で見た場合、その組織立てのあり方はどうなるのでしょうか。基本的には、その組織立ての枠組みは、各「場」（ローカル組織）においても、社会全体（グローバル組織）においても同じであると考えられます。

　アプリケーションを奉じるサービス事業者も、モノの製造者も、その両者の情報をつなぐ基盤を提供する API SP も、関所システムを担当するIoT 監視センターも、そして保険引受者も、できるだけ利用者や販売件数を増やすことで収益を伸ばしていきたいと考える組織です。それゆえに、これらの組織は、その「場」限りのサービス業務にとどまらず、究極的にはグローバルな規模で事業を展開していこうとする指向が強いと考えられます。これらの組織にとって、図8-3に示されたローカルな「場」での役割、責務は、グローバルな活動の一断面であるという見方もでき

ます。

（1）ローカルとグローバルとをつなぐ識別情報の供給者

　ただし、サービス事業者、モノの製造者、API SP、IoT 監視センターが、ローカルな「場」での活動とグローバルな規模での事業活動とを関連づけるためには、新たな役割が必要になります。それは、場およびモノを識別するという役割です。

　たとえば、モノの製造者にとってみれば、同じ型式のモノであっても、A氏邸、B氏邸のいずれに存在するかで、つながる相手のモノも違ってきますし、制御されるアプリケーション・ソフトウエアも異なってきます。となると、モノの製造者にとってみれば、モノがどこにあるのかを識別する情報、いい換えれば「場」を識別する情報が必要になります。

　同様に、アプリケーションを奉じるサービス事業者も、API SP も、保険引受者も「場」を識別する情報が必要です。

　また、IoT 監視センターについては、「どこに何があるのか」、いい換えれば「各『場』にあるモノ」を識別する必要があります。すなわち、「場」の識別情報だけでなく、「モノ」を識別する情報も必要です。

　以上のことを考えると、図8-3で示した組織に加えて、「場」、「モノ」を識別する情報を供給する組織、たとえば、モノや場所に関する唯一無二のIDを発給し管理する組織が必要になると考えられます。

（2）ローカル／グローバルIoT MSP

　一方、サービス事業者、モノの製造者、API SP、IoT 監視センターとは対照的に、IoT MSP（マネジメント・サービス・プロバイダー）については、各「場」での役割と、「場」の集積体である社会全体での役割とが異なります。

　前述のように、各「場」を司るIoT MSPは、ローカル・インテグレーターの運用を担います。これに対して、「場」の集積体である社会全体

を担当するIoT MSPは、各「場」のローカル・インテグレーターが用いる情報システム基盤の構築と運営にあたります。その情報システム基盤は、たとえば図8-4に示すような、ローカル・インテグレーターまわりの情報・データの入出力や、関連する情報処理を支えます。

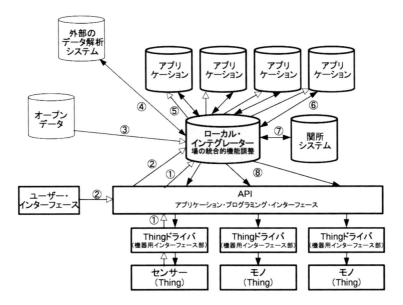

図8-4 ローカル・インテグレーターまわりの情報・データの入出力および情報処理の流れ（概念図）

a. センサー（図中①）、ユーザー・インターフェース（②）、天気予報、交通情報などのオープンデータ（③）からのデータをインプットする。
b. これらのインプットされたデータをローカル・インテグレーターにて「場」の状況を同定する。場合によっては、外部のデータ解析システムの支援を受ける（図中④）。
c. インプットされたデータ、同定された場の状況にかかわる情報を、アプリケーション・ソフトウエアに送信する（図中⑤）。

d. アプリケーション・ソフトウエアからの動作・制御命令を受信する（図中⑥）。

e. 受信した動作・制御命令内容を関所システムに照会する（図中⑦）。

f. 照会して命令の実行を拒否された場合は、アプリケーション・ソフトウエアにフィードバックする（図中⑥）

g. 照会して命令の実行が可となった場合は、その動作・制御命令をモノに伝達する（図中⑧）。

　図8-4に示す各「場」のローカル・インテグレーターまわりでの①〜⑧の情報・データの入出力や、関連する情報処理を社会全体でスムーズに進めるための情報システム基盤を、以下「生活用IoT Hub」と呼ぶことにします。

　図8-4では、便宜上、データ解析を単純化して表示していますが、エッジコンピューティング（注4）などの言葉が表すように、ネットワーク上のさまざまな場所で分散処理されることになります。このような分散処理のための情報システム基盤の構築と運営も、「生活用IoT Hub」の役割に含まれます。また、それぞれの「場」の情報カルテを集積して、「それぞれの場にあるモノ」に関するデータベースを作成管理し、必要に応じて参照できる基盤を提供することも「生活用IoT Hub」の役割に含まれます。

　このように、各「場」のローカル・インテグレーターを担当するIoT MSP（以下、ローカルIoT MSP）と、ローカル・インテグレーターのための情報システム基盤である「生活用IoT Hub」を担当するIoT MSP（以下、グローバルIoT MSP）との仕事の中身は相当違ってきます。

　もちろん、その両者を一企業、あるいは一企業グループが行うこともあり得ます。しかし、ローカルIoT MSPとグローバルIoT MSPとは、密接に連携するものの、別個の組織・企業であることが自然であるように思えます。たとえていえば、高速道路の運営を司る組織が、各住宅の前

の道路や、その住宅の中の通路まで、すべて面倒をみるのかといえば、筆者はむしろそうではないほうが、ユーザーの満足度を高めていくには無理がないように思えるのです。

　ローカルIoT MSPは、地域に根ざし、場合によっては人が現場に出向いてサービスを行う業態であり、たとえば、工務店・専門工事業者、エネルギー事業者、警備会社などを出自とする組織・企業が担当することが考えられます。一方、情報システム基盤である「生活用IoT Hub」を担うグローバルIoT MSPは、通信キャリアや情報システム会社の事業部やそれらを出自とする組織・企業が担当することが考えられます。

　各地で市場競争により切磋琢磨しつつ、ローカルIoT MSPが、グローバルIoT MSPの構築・運営する情報システム基盤を用いて活動するあり方には現実味があると、筆者には思われます。

（注4）ユーザーの近くにエッジサーバーを分散させ、データ伝達距離を短縮することで通信遅延の抑止を図る技術。

（3）責任・役割分担および連携にかかわるグローバル・ビジョン

　ローカルとグローバルとをつなぐ識別情報の供給者が必要であること、また、ローカルIoT MSPとグローバルIoT MSPとの役割が異なることを考慮して、図8-3の各「場」での組織図を、「場」の集積体である社会全体の組織図に焼き直してみれば、図8-5のように描けると思われます。

　図8-5では、IoT MSPは、情報システム基盤である「生活用IoT Hub」を担う存在です。この図には、各「場」のレベルでの責任・役割分担および連携を表した図8-3には見られない「場」「モノ」の識別情報を供給し管理する組織も含まれています。

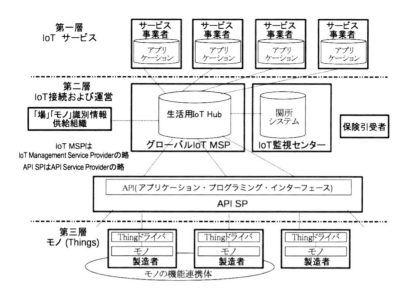

図8-5 生活用IoTを稼働させるための三階層の組織群（社会全体のレベルで見た概念図）

8-4 では、いかにして新規の組織を実現するか

　図8-3、図8-5に示す各組織の役割・責任分担および組織間連携に関するコンセンサスが成立し、組織立てに関するビジョンが社会で幅広く共有されることによって、図8-1に示す「負のスパイラル」に陥ることなく、生活用IoTを発展・普及させていく出発点に立てると考えられます。

　しかし、人々がそのビジョンをもとに行動を起こさないと、それは単なる絵に描いた餅になってしまいます。そうならないためには、以下のことに留意する必要があります。

（1）街道筋に茶屋を出店する発想では不十分

　いま、多くの企業がIoTに大きなビジネスチャンスがあると感じ、高い関心を寄せ、種々の投資活動も展開しています。本書が願っている生活用IoTの発展普及という観点からは、とても好ましいことです。

しかし、少し気になる点があります。それは、「こういう部門を拡張した」、「こういう企業に投資をした」、「こういう企業を買収した」といった行動の説明の中に、「IoTが発展・普及すれば、必ず、拡張部門、投資・買収対象企業への発注量が増える」という発想が色濃く表れていることです。たとえていいますと、人馬の往来の激しくなると思われる街道筋に茶屋や旅籠を開業する発想、あるいは、乗降客が大きくなると思われる鉄道沿線の駅前の土地を買う発想ともいえます。いい換えれば、人馬の往来や乗降客を増やすこと、すなわち、IoTの発展・普及に自らが主体的にかかわろうという発想ではないのです。

　そもそも、生活用IoTに関する限り、どのような発展・普及の道筋を描くのか、いわばどの街道筋、鉄道沿線の通行量が増えるのか、多くの不確定性を抱えています。本書がビジョンの共有云々というのは、まだキャンバスの中に描く線も絵も完成していない状況、見方によっては白地だという状況を踏まえています。白地がもたらす不確実性を克服するには、道筋作りに自らがかかわっていかねばなりません。ここでいう道筋とは、生活用IoTの分野における

　・情報をやり取りする道筋（＝モノやアプリケーションのつながり方）
　・組織が進んでいく道筋（＝仕組み、組織の発展方向）

を含みます。

　こうした道筋を定めるうえで問われるのは、実現する「ひとまとまりの価値」、いい換えれば、豊益潤福を高める点を本位とすることです。もし、ある街道筋に茶屋を出してしまった組織が、エンドユーザーの豊益潤福とは関係なく、自らに有利な道筋を決めようとすることがあれば、それは本末転倒で、生活用IoTの発展を阻害する恐れもあります。そういった見当違いの道筋に店を出してしまった人々の既得権によって、道筋を歪ませてはなりません。

第8章　生活用IoTの普及を阻む組織的課題とその対策　207

（2）つながりの卓越性が重要

　本書で述べてきたように、生活用IoTは企業・産業に経済活動の大きな機会をもたらします。しかし、第7章でも述べたようにリスクも伴います。経営層からの視点で、「負うリスクの大きさに比較して、十分に大きな便益を得られる機会を生む」という見通しが立てば、その組織はビジョンの実現に能動的に関与していくことになると思われます。

　その見通しを持つためには、第6章でも述べたようにプロトタイピング（試作・試行）を進めていくことが重要です。

　優れた要素技術によって、生活用IoTが発展することは確かです。しかし、生活用IoTにとっては、要素技術の卓越性よりも、モノのつながり方の卓越性のほうが重要です。モノ同士のつなぎ方にかかわる経験・知識を決して軽視してはいけません。プロトタイピングは、まさにモノのつなぎ方を経験を通じて学び、磨いていく機会となります。

（3）四回タッチOKのバレーボール学習方法が示唆すること

　どうしてプロトタイピングがそのような機会になるのでしょうか。つなぎ方の学習にかかわる、筆者個人の体験をたとえ話として紹介させていただきます。

　筆者は東京教育大学附属高校に在学中、中村敏雄先生（その後、山口大学教授、広島大学教授）の体育の授業でバレーボールを習う機会がありました。当時、多くの体育の先生は、生徒に、レシーブ、トス、スパイクといった要素技術それぞれの練習を積ませてからゲームに入っていく手順でバレーボールを教えていたと想像されます。しかし、中村先生は違いました。普通の高校生たちに、いきなりゲームを課したのです。

　ただし、ルールが緩和されていました。バレーボールのルールでは、ボールへのタッチは三回以内で、相手陣に返さなければなりません。しかし、そのルールを緩和して四回タッチまでOKとしたのです。素人がバレーボールのゲームをすると、レシーブ、トス、スパイクのいずれか

でつまずきます。三回タッチを上限とするルールだと、いつまでもゲームはつながりません。つなぎ方の知識・能力は、経験を積みながら身につけていくものであって、いわば「経験なきところに学びなし」という性格のものだからです。一方、ルールを四回タッチに緩和すると、もたつきながらも敵陣に球を返せて、曲がりなりにもラリーが続きます。そうすることで、レシーブ、トス、スパイクをつないでいく機会も増え、経験を通じてつなぎ方のコツを学習していけました。また要素技術のスキルも上達していきました。上達度の早いチームでは、バレーボール部員が一人もいないのに、時間差攻撃まで飛び出していました。そして、そのタイミングで、中村先生は、「そろそろ今日から、三回タッチのルールでいこう」と提案しました。驚いたことに、ルールを三回タッチにしても、ラリーが続くゲームができるようになっていました。

　中村先生（故人）に、バレーボールの授業を通じて教えていただいたことは、バレーボールにとどまらず、いろいろな事例に応用可能な本質的なことであったと考えられます。それは、要素要素に切り分けるのではなく、全体を組み上げていく経験を重ねることによって、コトやモノをつないでいく能力が構築できるのだということです。

（4）プロトタイピングの重要性

　四回タッチOKルールのもとで、経験を通じてつなぎ方の学習ができたという教訓は、生活用IoTにおけるモノのつなぎ方能力の構築にもあてはまると思います。この四回タッチOKのつなぎ方の学習環境と同様に、制約の緩やかな自由な環境のもとで、ともかくモノをつないで機能連携体を構成し、何らかの「ひとまとまりの価値」を組み上げていく試行錯誤を繰り返すのです。試作・試行と、評価、改善を繰り返していけば、「つなぐ」コツが経験を通じてつかめていくと考えられます。これはまさに第6章で述べたプロトタイピングのプロセスです。

　図8-6の概念図に示すように、プロトタイピングは次のようなプロセス

第8章　生活用IoTの普及を阻む組織的課題とその対策　209

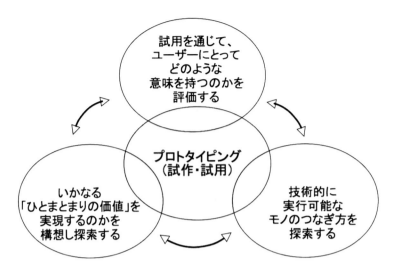

図8-6　プロトタイピングでつなぎ方をやりながら相乗的に学んでいく（概念図）

を含んでいます。

- 試用を通じて、モノのつながりがユーザーにとってどのような意味を持つのかを評価するプロセス
- モノをつなぐことで、いかなる「ひとまとまりの価値」を実現するのかを構想し探索するプロセス
- 試作を通じて、技術的に実行可能なモノのつなぎ方を探索するプロセス

　これらのプロセスは行きつ戻りつ繰り返され、このプロセスに関与する人々は、試行錯誤しながら、つなぎ方を学んでいきます（learning by doing）。

　プロトタイピングは、つなぎ方の能力構築をする機会となるだけでなく、経営層の意志決定にとって重要な判断材料を提供していく機会にも

なります。試行錯誤の繰り返しプロセスを通じて創られるプロトタイプの完成度がより上がるほど、そこで実現しようとする「ひとまとまりの価値」が、自らの組織・企業にどのような機会と利益を提供するのか、その可能性を組織・企業の経営層がより具体的に評価できるようになっていきます。また、どのような形でどの程度のリスクがあるのかについても、より確度高く評価できるでしょう。そうすれば、「負うリスクの大きさに比較して、十分に大きな便益を得られる機会を生む」という見通しも立てやすくなり、その組織・企業が、ビジョンの構築や、その道筋作りに能動的に関与していくことが期待されます。

（5）明治の民営鉄道の起業精神に学ぶ

　さて、モノのつなぎ方に関する経験を積みつつ、リスクに比べて、大きな機会・利益が得られると判断し、能動的に関与する意志を固めた組織・企業が現れてくれば、ビジョンは実現するのでしょうか。

　もう一つ必要なことがあります。それは起業家精神です。いままでなかったことをゼロから作るのです。前例にならって判断しようにも、前例はなしという中で、構想を練り、タイミングを失わずに判断・行動することが求められます。残念ながら、日本は、こうした起業家精神にあふれる人々や組織に富んだ国ではなくなってしまった感があります。

　何かをするならば、勝ち馬に乗ろう、しかし自ら先頭には立ちたくない、と発想する人のほうが多数を占めているように見えます。しかし、こうした傍観者的な雰囲気に支配されている限りは、図8-2、図8-4に示したモノとアプリケーションを自由自在につなぐインフラストラクチャー（以下、「インフラ」と略記）は形成されず、生活用IoTを発展させていけません。

　本書執筆時点では、図8-3、図8-5に示した組織立てにかかわるビジョンの担い手は具体的には決まっていない状況です。この状況を道路にたとえるならば、車はあるが道路はない、あるいは、道路はあるが信号は

ない、または、信号はあるが道路交通法はない状況といえましょう。

　重要なのは、道路・交通のインフラの建設・運用は政府・公共セクターが担っていますが、生活用 IoT のインフラは、民間が作って運用していくべき性格である点です。

　これは、民営鉄道がはたしている役割にたとえられるかもしれません。すなわち、民の発意と民の出資で利益を生み出しながら、持続的に民営鉄道が運営されているように、生活用 IoT のインフラも、民の発意で民の出資で利益を生み出しつつ持続的に運営されるべきものなのです（もちろん、民営鉄道は公共性を持つので法令の規制を受けるとの同様に、IoT インフラも人権保護や安全確保の規制対象にはなるでしょうが）。

　さて、そうすると私たちは、明治期の鉄道インフラ整備の多くを民間が担っていた故事から学ぶことが多いと思われます（注5）。それは、各地で民営鉄道を敷設した人々が自ら汗をかき、インフラを作り、地域を発展させていこうとした起業家精神です。たとえば、長野県伊那谷の有力者たちは、地域の発展には鉄道というインフラが不可欠という認識に立って、1907年（明治40年）9月に伊那電車軌道会社（後の伊那電気鉄道）を設立し、1909年には最初の開業区間を開通させています。この鉄道会社の路線は、現在の JR 飯田線の一部として発展していきます。それから遡る1895年に鉄道建設の発起人総会を開いたものの、不況により株式の募集は難航しましたが、苦節10年あまりで会社設立、開業までにこぎつけた関係者には、並々ならぬ信念と努力があったと想像されます。会社設立に大きな役割をはたした人物として名前の残る辻新次男爵、高木守三郎、伊原五郎兵衛の各人の評伝を読むと、その構想の大きさ、地域への使命感、そして起業家精神には瞠目せざるを得ません。

　ビジョンと使命感を持って発意をする人、賛同者を集めるべく説明説得にまわる人、そして趣旨に賛同して出資する人、その負託を受けて会社組織を立ち上げ事業を運営する人、明治の民営鉄道に見られるインフラ立ち上げの構図は、現代の私たちが生活用 IoT にかかわるインフラの

構築運営にも、そのままあてはめることができると思われます。

（注5）1890年時点では、官設鉄道の総延長は886kmであったのに対し、民営鉄道の延長キロは1366kmであったそうです。また、1892年までに全国各地で50社近い民営鉄道が発足しました。これらの鉄道会社や路線の多くは、その後、国有化され、現在のJRの前身となっていきます。たとえば、現在の東北本線（上野〜青森間）は日本鉄道会社が、中央本線の一部（お茶の水〜八王子間）は甲武鉄道会社が建設しました。

（6）来たれ社会的起業家

　生活用IoTのインフラ作りと運営は、ある種の社会的イノベーションです（注6）。社会的イノベーションは、「社会的起業家」によって担われるといわれています。生活用IoTのインフラに必要な起業家精神は、より正確にいえば、社会的起業家精神（Social Entrepreneurship）です。

　ここで、社会起業家とは、次のような役割をはたしつつ、社会的価値を生み出す事業を創造していく人々を指しています。

＜a．思想的リーダー（Thought Leaders）としての役割＞

　社会で共有するビジョンを明確にするとともに、それをどのように実現するのか、その道筋を描く役割。

＜b．お膳立て役（Context Shapers）としての役割＞

　実現のために必要な、アイデア、価値、資本、資質・能力、政策支援を特定し、その組み合わせを構想する役割。また、関係者間のさまざまな境界を撤廃し、融合を促進する役割。

　社会的起業家は、各組織を機動的にまわり、お膳立て役として、アイデア、価値、資本、資質・能力を紡いでいきます。

「社会的起業家精神（Social Entrepreneurship）」とは、「かくかくしかじかの社会起業家たる役割をはたしていくのだ」という能動的な意志、いい

第8章　生活用IoTの普及を阻む組織的課題とその対策 ｜ 213

換えれば「社会的価値を生み、持続させる使命を担う意志」を指します。

　Mulganによれば、過去の社会的イノベーション事例は、種々の既存のセクターの境界を超えた主体同士の連携体（Alliance）によって引き起こされてきました（注7）。図8-3、図8-5に示した生活用IoTを稼働させるための三階層の組織立て、特に、生活用IoTのインフラを担う第二層の組織群は、まさにMulganのいう連携体です。Mulganの論の興味深いところは、その連携体は次のような二種類の主体を含む、と指摘している点です。

　その一つは、bees（ミツバチ）と呼ばれる小規模組織、または個人で、機動的で、すばやく、かつ異種との融合を進めていく性向が強い組織・人（例：第6章「HEMS道場」におけるスタートアップ企業）です。

　もう一つは、trees（樹木）と呼ばれている大規模組織で、経営体力もあり、アイデアを具現化し、持続的にマネジメントしていく能力を持っている組織（例：第6章「HEMS道場」における大企業）です。

　まさに、社会的起業家はbeesの代表例といってよいと思います。明治時代の民営鉄道建設で発起人となり、諸方を説得してまわった人々もbeesであったと考えることもできます。明治時代の民営鉄道建設では、呼びかけに応じて出資した人々がtreesにあたります。

　生活用IoTのインフラの構築・運営でも、bees（ミツバチ）役たる「社会的起業家」と、trees（樹木）役たる大規模組織がスクラムを組むことによって可能であると考えられます。

　具体的には、明治時代の民営鉄道建設での発起人と同様に、図8-2〜図8-5のビジョンを下敷きに発意し、関係者に説明説得していく「社会的起業家」の活動が出発点になります。その説明・説得がうまくいけば、treesとも呼べる既存の大規模組織が、図8-3、図8-5の第二層に位置する組織の設立・運営に直接・間接に関与していくことになります。すなわち、ローカルIoT MSP、IoT監視センター、API SP、保険引受者や、グローバルIoT MSP、「場」「モノ」識別情報供給組織それぞれの担い手が

具体化していきます。

　そうして第二層の組織立てが整えば、treesとも呼べる既存の大規模組織だけでなく、beesとも呼ぶべき新規組織が、図8-3、図8-5の第一層であるサービス事業者（IoT Based Service Provider）や、第三層であるモノ（Things）作りに、どしどし参加してきます。鉄道や高速道路というインフラができることで、宅急便など新たなサービスをしようとする事業者が次々に参入してくるのと同様なことが起こるのです。

　それだけに、「社会的起業家」によるきっかけ作り（trigger）の役割はきわめて重要です。

　生活用IoT発展のきっかけを創る「社会的起業家よ来たれ」と訴え、筆をおきたいと思います。本書をお読みいただき、ありがとうございました。

（注6）社会的イノベーションとは、「社会的なニーズや問題への対応を主眼に、新しい種類の解決策を創造・適用することによって、社会的価値を増進し、社会の現状を刷新するような変革を生みだすこと」をいいます。ここでいう、社会的価値とは、「個人の利得を越えた、社会全体にとっての便益の創造もしくは社会的コストの削減など、社会全体の豊益潤福の増進」を指します。詳しくは、拙著『イノベーション・マネジメント：プロセス・組織の構造化から考える』（東京大学出版会）第九章をご覧ください。

（注7）Mulgan, Geoff. "The process of social innovation." innovations 1.2（2006）：145-162. および Mulgan, Geoff, et al. "Social innovation：what it is, why it matters and how it can be accelerated."（2007）

著者紹介

野城 智也（やしろ もとなり）

　1957年、東京都生まれ。1985年、東京大学大学院工学系研究科建築学専攻博士課程修了。建設省建築研究所、武蔵工業大学建築学科助教授、東京大学大学院工学系研究科社会基盤工学専攻助教授などを経て、現在、東京大学生産技術研究所教授（2009〜2012年に同所長を歴任）。工学博士。

　主な著書に、『サービス・プロバイダー――都市再生の新産業論』（彰国社、2003）、『実践のための技術倫理――責任あるコーポレート・ガバナンスのために』（共著、東京大学出版会、2005）、『住宅にも履歴書の時代――住宅履歴情報のある家が当たり前になる』（共著、大成出版社、2009）、『建築ものづくり論――Architecture as "Architecture"』（共著、有斐閣、2015）、『イノベーション・マネジメント――プロセス・組織の構造化から考える』（東京大学出版会、2016）などがある。

馬場 博幸（ばば ひろゆき）

　1960年、東京都生まれ。1985年、東京工業大学大学院総合理工学研究科電子システム専攻修士課程修了。東京電力株式会社入社、主に、電力保安通信網の計画、ならびに、情報通信事業の立ち上げ・経営に従事。2015年、東京大学生産技術研究所に移籍、特任研究員。IoTを活用した太陽光発電の積極的利用、ならびに、Web-APIを活用したIoT早期実現に関する研究に従事。

◎本書スタッフ
アートディレクター/装丁：　岡田 章志＋GY
制作協力：　佐藤 弘文（さとう編集工房）
デジタル編集：　栗原 翔

●お断り
掲載したURLは2017年2月19日現在のものです。サイトの都合で変更されることがあります。また、電子版ではURLにハイパーリンクを設定していますが、端末やビューアー、リンク先のファイルタイプによっては表示されないことがあります。あらかじめご了承ください。
●本書の内容についてのお問い合わせ先
株式会社インプレスR&D　メール窓口
np-info@impress.co.jp
件名に「『本書名』問い合わせ係」と明記してお送りください。
電話やFAX、郵便でのご質問にはお答えできません。返信までには、しばらくお時間をいただく場合があります。なお、本書の範囲を超えるご質問にはお答えしかねますので、あらかじめご了承ください。
また、本書の内容についてはNextPublishingオフィシャルWebサイトにて情報を公開しております。
http://nextpublishing.jp/

●落丁・乱丁本はお手数ですが、インプレスカスタマーセンターまでお送りください。送料弊社負担にてお取り替えさせていただきます。但し、古書店で購入されたものについてはお取り替えできません。
■読者の窓口
インプレスカスタマーセンター
〒101-0051
東京都千代田区神田神保町一丁目105番地
TEL 03-6837-5016／FAX 03-6837-5023
info@impress.co.jp
■書店／販売店のご注文窓口
株式会社インプレス受注センター
TEL 048-449-8040／FAX 048-449-8041

生活用IoTがわかる本
暮らしのモノをインターネットでつなぐイノベーションとその課題

2017年3月24日　初版発行Ver.1.0（PDF版）

著　者　野城 智也
　　　　馬場 博幸
編集人　菊地 聡
発行人　井芹 昌信
発　行　株式会社インプレスR&D
　　　　〒101-0051
　　　　東京都千代田区神田神保町一丁目105番地
　　　　http://nextpublishing.jp/
発　売　株式会社インプレス
　　　　〒101-0051　東京都千代田区神田神保町一丁目105番地

●本書は著作権法上の保護を受けています。本書の一部あるいは全部について株式会社インプレスR&Dから文書による許諾を得ずに、いかなる方法においても無断で複写、複製することは禁じられています。

©2017 Tomonari Yashiro and Hiroyuki Baba. All rights reserved.
印刷・製本　京葉流通倉庫株式会社
Printed in Japan

ISBN978-4-8443-9763-2

●本書はNextPublishingメソッドによって発行されています。
NextPublishingメソッドは株式会社インプレスR&Dが開発した、電子書籍と印刷書籍を同時発行できるデジタルファースト型の新出版方式です。http://nextpublishing.jp/